建筑施工特种作业人员安全

建筑架子工

（附着升降脚手架）

李继业　蔺菊玲　主编

中国建材工业出版社

图书在版编目（CIP）数据

建筑架子工．附着升降脚手架/李继业，蔺菊玲主编．—北京：中国建材工业出版社，2019.1

建筑施工特种作业人员安全培训系列教材

ISBN 978-7-5160-2356-3

Ⅰ.①建…　Ⅱ.①李…　②蔺…　Ⅲ.①附着脚手架—工程施工—安全培训—教材　Ⅳ.①TU731.2

中国版本图书馆 CIP 数据核字（2018）第 180902 号

内容提要

本书根据建筑施工现场特殊工种作业人员的教育培训要求，国家及行业标准、规范，施工新技术、新工艺编写而成。

本书语言简洁，注重通俗性、先进性、针对性和实用性，理论与实践相结合，具有可操作性强、通俗易懂等显著特点。本书既可作为特殊工种作业人员的培训用书，也可作为脚手架工程施工技术人员和技工的参考用书。

建筑架子工（附着升降脚手架）

李继业　蔺菊玲　主编

出版发行：中国建材工业出版社

地　　址：北京市海淀区三里河路1号

邮　　编：100044

经　　销：全国各地新华书店

印　　刷：北京雁林吉兆印刷有限公司

开　　本：850mm×1168mm　1/32

印　　张：5

字　　数：12.5千字

版　　次：2019年1月第1版

印　　次：2019年1月第1次

定　　价：**28.80元**

本社网址：www.jccbs.com，微信公众号：zgjcgycbs

请选用正版图书，采购、销售盗版图书属违法行为

本书如有印装质量问题，由我社市场营销部负责调换，联系电话：(010)88386906

前　言

脚手架是建筑工程及其他土木工程施工中不可缺少的空中作业临时设施，它与作业人员自身安全及公共财产安全有关，因此需要根据工程实际情况选择和搭设脚手架。工程实践证明，脚手架对工程的施工进度、工程质量、工程造价有直接影响。为此，国家针对特殊作业人员的培训考核提出了明确及具体的要求。为了提高一线脚手架作业人员的实际理论及操作水平，我们根据国家针对脚手架作业人员的具体要求及一线施工的应知应会知识点进行了系统梳理，并结合国家和行业最新颁布的标准、规范和规程等编写本书，方便教学及一线施工人员的具体操作。本书理论与实践结合、实用与实效并重、文字与图表并茂，内容先进、全面、简洁、实用，可满足脚手架技工的培训及工作实际需要。

附着升降脚手架是指搭设一定高度并附着于工程结构上，依靠自身的升降设备和装置，可以随着工程结构逐层爬升或下降，具有防倾覆、防坠落装置的外脚手架。附着升降脚手架主要由附着升降脚手架架体结构、附着支座、防倾覆装置、防坠落装置、升降机构及控制装置等构成。

附着升降脚手架的普及应用，对我国建筑施工技术进步具有重要影响。这种脚手架将高处作业变为低处作业，将悬空作业变为架体内作业，具有显著的低碳性、高科技含量和更经济、更安全、更便捷等特点。

本书由李继业、蔺菊玲担任主编，赵良明、李海豹参加了编写。李继业负责全书的统稿，蔺菊玲负责全书的资料收集和校对。具体分工：蔺菊玲撰写第一章、第六章；赵良明撰写第二章、第三章；李海豹撰写第四章；李继业撰写第五章。

由于编者水平有限，加之编写时间比较仓促，错误和遗漏在所难免，恳请广大读者批评指正。

编　　者

2018 年 4 月

目　　录

第一章　脚手架基础知识

建筑工程中的脚手架是最常用的施工设备，也是集力学、电工、机械、液压、钢结构和起重吊装等于一体的施工工具。了解有关的基础知识，对正确使用脚手架非常有利。本章仅介绍液压基础知识、钢结构基础知识和起重吊装基础知识。

第一节　液压基础知识

液压传动是应用液体作为工作介质来传递能量和进行控制的传动方式。液压传动称为流体传动，是根据 17 世纪帕斯卡提出的液体静压力传动原理而发展起来的一门新兴技术。

一、液压传动的工作原理

液压传动的工作原理：液压系统利用液压泵将原动机的机械能转换为液体的压力能，通过液体压力能的变化来传递能量，经过各种控制阀和管路的传递，借助于液压执行元件（液压缸或马达）把液体压力能转换为机械能，从而驱动工作机构，实现直线往复运动和回转运动。简单地讲，液压传动是利用帕斯卡原理进行工作的：加在密闭液体任一部分的压强，能够大小不变地由液体向各个方向传递。

以常见的液压千斤顶为例，一个液压传动系统主要由动力源元件、执行元件、控制元件、辅助元件和工作液体组成。动力源元件是将原动机提供的机械能转换成工作液体的液压能的元件，通常称为液压泵。执行元件是将液压泵所提供的工作液体的液压能转换成机械能的元件。控制元件是对液压传动系统工作液体的压力、流量和流动方向进行控制的元件。辅助元件是上述三部分以外的其他元件，如油箱、过滤器、冷却器、管路、接头和密封件等。工作液体是液压传动系统中的重要组成部分，既是转换、传递能量的介质，也起着润滑零件和冷却传动系统的作用。

二、液压传动的主要特点

（一）液压传动的主要优点

（1）可以方便地实现大范围内的无级调速，调速范围可达1000∶1；调速功能不受功率大小的限制，这是机械传动和电传动都难以做到的。

（2）与电传动相比，液压传动具有质量轻、体积小、惯性小、响应快等突出优点。统计表明，液压泵和液压马达的单位功率的质量，仅为电动机的1/10左右，或者说液压泵和液压马达单位质量的“能容量”为电动机的10倍左右。

（3）液压传动均匀平稳，负载变化时速度较稳定，并且具有良好的低速稳定性。液压马达最低稳定转速可达1r/min，这是任何电动机都难以做到的。

（4）借助于各种控制阀，可实现过载自动保护，也易于实现其他自动控制和进行远程控制或机器运行自动化。特别是与电液控制技术联用时，易于实现复杂的自动工作循环。

（5）由于液压元件是用管道进行连接的，所以可允许执行元件与液压泵相距较远；液压元件可根据设备要求与环境灵活安装，适应性非常强。

（6）液压系统通常以液压油作为工作介质，具有良好的润滑条件，可以延长元件的使用寿命，这是其他传动系统难以做到的。

(7) 液压传动中的液压元件易于标准化、系列化和通用化，便于设计、制造和推广应用。

（二）液压传动的主要缺点

(1) 效率比较低。在液压系统的动力传递过程中，能量经过两次转换，由于转换时存在着机械能和液压能的损失，故其效率比较低，一般为 75%～80%。

(2) 存在泄漏问题。实践证明，液压系统的泄漏是不可避免的。泄漏不仅使液压系统效率降低和影响传动的平稳性及准确性，而且还会污染环境，尤其是石油基液压液，当附近有火种或高温热源存在时，泄漏可能导致着火而引发事故。

(3) 对于污染敏感。污染的工作介质对液压元件危害极大，使之磨损加剧、性能变坏、寿命缩短，甚至损坏。液压元件磨损的同时，又使工作介质的污染加剧。据统计，液压系统 70%以上的故障是由液压油的污染引起的，因此，保持工作介质的清洁极为重要。

(4) 检修比较困难。液压系统一旦发生故障，判断产生故障的原因和位置都比较困难，因此要求操作和维修人员，应有较高的技术水平、专业维修知识和判断故障原因的能力。

(5) 对温度敏感。实践充分证明，液压系统的性能和效率受温度变化影响比较大，在常温下工作比较正常，一般不适用于高温或低温环境。

(6) 液压元件加工精度要求较高。在一般情况下，液压系统要有独立的动力源，因而产品成本较高。

三、液压系统的使用和维护

（一）液压系统的日常检查和定期检查

对在使用和维护中的液压设备，通常采用“日常检查”和“定期检查”的方法，以保证设备正常运行。液压设备的日常检查项目和内容见表1-1，液压设备的定期检查项目和内容见表1-2。

表1-1 液压设备的日常检查项目和内容

检查时间	检查项目	检查内容
在设备运行中监视工况	压力	系统压力是否稳定在规定范围内
	噪声、振动	有无异常
	油温	是否在35～55℃范围内，不得超过60℃
	漏油	全系统有无漏油
	电压	是否保持在额定电压－15%～5%范围内
在启动前检查	油位	是否正常
	行程开关和限位块	是否紧固，位置是否正确
	手动、自动工作循环装置	是否正常
	电磁阀	是否处于原始状态

表1-2 液压设备的定期检查项目和内容

检查项目	检查内容
螺钉及管接头	对于10MPa以上系统，每月紧固一次 对于10MPa以下系统，每三个月紧固一次
过滤器、空气滤清器	对于一般系统，每月检查一次 对于铸造系统，每半月检查一次
油箱、管道、阀板	大修时检查
密封件	按环境温度、工作压力、密封件材质等具体情况确定
弹簧	按工作情况、元件质量等具体情况确定

续表

检查项目	检查内容
油污染度检验	对已确定换油周期的设备，提前一周取样化验 对新换的油，经 1000h 使用后，应取样化验 对精、大、稀等设备用油，经 600h 使用后，应取样化验 取油样时应用专用容器，并保证不受污染 取油样应取正在使用的“热油”，不得取静止油 取油样的数量为 300～500mL/次 按油料化验单进行化验，油料化验单应存入设备档案
压力表	按设备使用情况，规定检验周期
高压软管	根据使用工况，规定更换的时间
液压元件	根据使用工况，规定对液压泵、液压阀、液压缸、液压马达等主要元件进行性能测定。尽可能采取在线测试办法测定其主要参数
电控部分	按电器使用维修规定，定期进行检查维修

（二）液压系统使用和维修注意事项

1. 保持油液清洁，防止系统污染

（1）定期清洗油箱、滤油器、管道和液压元件，清除液压系统内部的污染物。

（2）定期过滤或更换油液，并应注意下列事项：

①更换的新油液或补加的油液，必须为本系统规定使用牌号的油液，油的质量必须符合规定的指标。

②在新油液注入油箱前，应将油箱、管道及液压缸内的旧油液排干净，将油箱内部清洗干净。

③新油液应过滤后再注入油箱，过滤精度不得低于液压系统的过滤精度。

④更换工作介质的期限：因工作条件、使用环境不同而有很大的差别。在一般情况下，大约一年更换一次；在连续运转、高

温、高湿、灰尘较多的情况下，应缩短换油周期。

⑤应根据液压介质的使用寿命定期更换。表 1-3 给出了各种液压介质的更换周期，可供实际工作中参考。

表 1-3　各种液压介质的更换周期

介质种类	普通液压油	专用液压油	机械油	汽轮机油	水包油乳化液	油包水乳化液	磷酸酯
更换周期（月）	12～18	>12	6	12	2～3	12～18	>12

（3）油箱应封闭严密，所有进入油箱的管道在穿过箱壁处应采取密封措施，油箱顶盖上应设置高效空气滤清器，防止外界灰尘、机械杂质、水分等进入油箱。

（4）液压缸活塞杆的防尘圈应密封可靠，在灰尘较多的场合，还应在外伸活塞杆表面装设防尘罩，防止灰尘沿活塞杆表面进入液压缸。

2. 防止空气进入液压系统

（1）回油管和吸油管必须插入油箱最低液面下一定深度处，防止回油和吸油时将外界空气带入液压系统。

（2）吸油管和液压泵轴密封部分等各个低于大气压的地方，应注意不要漏入空气。

（3）定期清洗吸油过滤器，尽量减少吸油的阻力，防止溶解在油中的空气分离出来，形成气穴。气穴发生时，油液的流动特性变坏。

（4）油箱内的吸油管和回油管应相隔一定距离，两者之间设置隔板和除气网，促使油液中的气泡浮出液面。

（5）在设备启动时，通过管道或液压缸最高部位的排气装置，将液压系统中的空气排净。

3. 防止系统出现泄漏

液压装置的外泄漏主要发生在各种管道连接件、元件或零件之间的固定结合面，以及外伸轴杆的动配合等处。表 1-4 中列出了液压装置外泄漏的主要部位及原因。

表 1-4　液压装置外泄漏的主要部位及原因

泄漏部位	泄漏原因
管接头	管接头及密封件的类型、规格与使用条件不符；接头加工质量差；装配不合格；振动等原因引起接头松动；密封圈质量差、老化或破损
不承受压力负载的固定结合面	结合面的表面粗糙度值和平面度误差过大；零件变形使两个表面不能全面接触；密封垫硬化或破损；装配时结合面上有沙尘等杂质；被密封的容腔内有压力
承受压力负载的固定结合面	结合面粗糙不平；紧固螺栓拧紧力矩不足，或各螺钉拧紧力矩不等；密封圈失效；结合表面翘曲变形；密封圈压缩量不足等
轴向滑动表面密封处	密封圈的材料或结构类型与使用条件不符；密封圈老化或破损；轴表面粗糙或划伤；密封圈安装不当
转轴密封处	转轴表面粗糙或划伤；油封材料或形式与使用条件不符；油封老化或破损；油封与轴偏心量过大或转轴振摆过大

为了防止液压系统出现外泄漏，除根据表 1-4 中所列原因采取相应的措施外，还需注意以下事项：

（1）密封部位的沟、槽、面加工尺寸和精度、表面粗糙度应符合现行规范的要求，这是确保密封、杜绝外泄的基本条件。

（2）根据使用条件，正确选用接头和密封的类型、确定密封圈的材料、合理设计密封沟槽的尺寸、规定恰当的加工要求，是保证密封有效的前提，应认真对待。

（3）在进行液压系统装配时，应保持各密封部位及密封圈的清洁度，并按照规定的方法进行安装，防止密封圈在装配时破损。

（4）根据液压系统工作的实际情况，定期或不定期地更换密封圈，有缺陷或用过的密封圈不准再使用。

（5）定期紧固管接头、法兰螺钉、安装螺钉等，每个螺钉的大小要符合有关规定，拧紧力矩要均匀。

4. 控制液压系统的油温

根据工程实践经验，一般机床的液压系统连续正常工作时，油箱的油温应控制在35～55℃范围内，最高不得超过60℃；若有异常温升，应注意液压系统的工作状况，并检查油温升高的原因，予以及时排除。

5. 控制油箱中的液面位置

油箱中的液面位置应经常保持在规定的范围内。液压系统在启动前，油箱中应注入足够数量的油液，启动后由于部分油液进入管道和液压缸，液面必然会下降，若低于允许的最低液位，必须进行补油。在使用过程中，应经常观察油位。可能会因为系统泄漏造成油位下降，应在油箱上设置液位计，以便经常观察和补充油液。

6. 液压泵的启动和停止

液压泵在初次启动时，应向泵体内灌满工作介质，并检查其旋转方向。停机4h以上的液压系统，应先使液压泵空载运转5min，然后再启动执行机构工作。

7. 其他注意事项

（1）不准任意调整电控系统的互锁装置，禁止损坏或任意移动各限位挡块。

（2）未经主管部门同意，任何人不准私自调节或拆换各种液压元件。

（3）当液压系统出现故障时，应及时通知维修部门分析原因并及时排除，不准擅自乱动，不准设备“带病”工作。

（4）液压系统中的易损零件（如密封圈等）应有备用件，以便及时更换。

四、液压系统常见故障和排除方法

（一）液压泵的常见故障及排除方法

液压泵的常见故障及排除方法见表1-5。

表1-5 液压泵的常见故障及排除方法

故障现象	故障分析	排除方法
不出油、输油量不足、压力升不高	1. 液压泵旋转方向不对，即液压泵轴反转 2. 吸油管或过滤器堵塞，吸油管截止阀未全部打开 3. 液压泵安装高度过高、油位过低或吸回油管插入油下深度不够 4. 连接处或管接头密封不严，有泄漏或空气混入 5. 轴向或径向的间隙过大，内泄漏大 6. 油液黏度过大或油温过高 7. 液压泵的转速太低	1. 检查电动机的转向 2. 疏通吸油管道，清洗过滤器，更换新油液；全开截止阀 3. 安装高度一般不得超过500mm，加油至规定油位，增加吸回油管的插入深度 4. 紧固各连接处螺钉及管接头，更换密封装置，避免泄漏，严防空气混入 5. 检修或更换有关零件 6. 正确选用油液，控制好油温 7. 控制液压泵转速不低于规定的转速
噪声大，压力波动大	1. 吸油管密封处漏气，油液中有气泡 2. 吸油管及过滤器堵塞或过滤器的容量小 3. 液压泵安装位置过高或油位低 4. 油温过低或油液黏度高 5. 液压泵的转速过高 6. 液压泵轴与电动机轴同轴度超出制造厂的规定 7. 液压泵支架、电动机安装不牢，联轴器安装不良 8. 液压泵轴承或内部零件损坏	1. 在密封处涂上黄油，如噪声减小，可拧紧接头或螺钉，更换密封圈；吸回油管应插入油面以下，防止空气混入油中；给液压泵和液压系统排气 2. 清洗油管及过滤器，更换清洁的油液；正确选用过滤器 3. 降低液压泵安装高度或加油提高油位 4. 油液加热到适当温度或更换低黏度油液 5. 控制液压泵转速在最高允许转速以下 6. 检查并调整液压泵轴与电动机轴同轴度 7. 重新安装并紧固安装螺钉 8. 检查轴承部分的温升，更换轴承及有关零件

续表

故障现象	故障分析	排除方法
异常发热	1. 液压泵内零件配合间隙过小，滑动部位摩擦损失过大或过热、烧伤；配合间隙过大，容积损失过大 2. 轴承装配及润滑不良，造成过热或烧伤 3. 过载 4. 系统管路压力损失、溢流和节流损失过大，造成油温过高；油箱容积小，散热条件差	拆检修理，重新装配，达到技术要求 重新装配或更换轴承，清洗润滑油通道，减小“油流”阻力 按规定合理调节液压泵的工作压力 改进系统设计，合理调节系统压力，减少各种能量损失；增大油箱，增设冷却器
轴颈油封漏油	1. 油封质量差，老化失效，唇口破坏 2. 轴颈表面粗糙、划伤或有杂质 3. 泄油通道堵塞，泄油管道液阻过大，使泵体内压力升高到超过油封允许的耐压值	更换油封，安装时防止出现唇口损坏 修磨，清除异物 清洗泄油通道，减小泄油阻力；柱塞泵泵体上的泄油口应用单独油管直通油箱；检查泵体内的压力，其值应小于0.08MPa

（二）液压缸的常见故障及排除方法

液压缸的常见故障及排除方法见表1-6。

表1-6　液压缸的常见故障及排除方法

故障现象	故障分析	排除方法
推力不足或工作速度下降甚至停止	1. 缸筒与活塞配合间隙太大或活塞上的密封圈损坏，导致内泄过大，高低压腔互通 2. 缸筒全长磨损或膨胀不均匀，造成缸孔直线性不良（局部呈腰鼓形），致使活塞左右两腔互通 3. 缸筒端盖的密封件压紧力过大或活塞杆弯曲，造成摩擦阻力过大 4. 活塞、活塞杆和缸盖之间同轴度差，液压缸与工作台导轨面平行度差	1. 按规定配合间隙，重配活塞或更换密封圈 2. 镗磨修复缸筒，重新配制活塞 3. 适当减小压紧力，以不漏油为限，校直活塞杆 4. 检查同轴度和平行度，重新装配和安装 5. 分析油温过高的原因，采取降低油温的措施 6. 查找泄漏的部位，采取紧固或更换密封件等措施，抑制油液的泄漏

续表

故障现象	故障分析	排除方法
推力不足或工作速度下降甚至停止	5. 油温过高，油液黏度降低，内外泄漏增大 6. 系统泄漏部位太多，造成供油量不足，压力降低，速度减慢 7. 液压缸的回油阻力过大，背压过高 8. 导轨润滑不良，阻力过大	7. 检查回油系统管道及各种阀，分析阻力过大的原因并排除 8. 清洗润滑装置，调整润滑油量和压力
爬行	1. 缸内有空气或油液中有气泡 2. 导轨润滑不良，出现干摩擦 3. 活塞杆全长或局部弯曲 4. 缸孔或活塞杆腐蚀、拉毛 5. 缸孔直线度不良，有鼓形、锥度等 6. 活塞杆与活塞、导套不同轴；液压缸与导轨不平行	1. 分析存在空气的原因，防止空气侵入；增设排气装置；让工作部件以最大行程和最快速度运动，使空气强制被排出 2. 调整导轨的润滑装置，适当增加润滑油压力和润滑油的油量 3. 找出活塞杆弯曲部位，校直活塞杆 4. 轻微时修去锈蚀和毛刺，严重时应镗磨及重新配制相关零件 5. 镗磨修复，重新配制活塞 6. 重新装配和安装，调整活塞杆与活塞、导套的同轴度，液压缸与导轨的平行度
冲击	1. 运动速度快，没有缓冲装置 2. 单向节流缓冲装置中节流阀磨损，单向阀密封不严或其他处泄漏 3. 缓冲装置调节不当 4. 先导阀、换向阀等制动不灵敏，致使换向时液流速度剧变 5. 工作压力过高 6. 系统中有大量的空气	1. 增设缓冲装置或背压阀 2. 修复或更换阀芯及阀座，减少油液的泄漏 3. 重新调节缓冲节流阀开口或背压阀压力 4. 减小制动锥斜角或增加制动锥长度 5. 将工作压力调整至规定值 6. 采取措施排除系统中的空气

（三）溢流阀的常见故障及排除方法

溢流阀的常见故障及排除方法见表1-7。

表1-7 溢流阀的常见故障及排除方法

故障现象	故障分析	排除方法
压力波动	1. 弹簧弯曲变形 2. 滑阀变形或拉毛 3. 阀芯锥面与阀座磨损不均匀，从而造成接触不良，密封不严 4. 油液中脏东西使阻尾孔或配合间隙时堵时通，造成阀芯运动无规律，产生压力波动 5. 调压螺钉的锁紧螺母松动 6. 供油液压泵的流量和压力脉动，从而造成系统压力波动	1. 更换弹簧 2. “修研”或更换滑阀 3. “配研”阀芯及阀座或更换阀芯 4. 拆开清洗，检查油质，更换油液 5. 调压后将锁紧螺母锁紧 6. 检查、修复或更换液压泵
压力升不高，调整无效	1. 锥阀、主阀锥面与阀座接触不良，密封不严，滑阀与阀体孔配合间隙增大，导致内泄漏过大 2. 阻尼孔堵塞 3. 主阀芯卡住 4. 弹簧太软、变形、断裂 5. 进出油口接反 6. 管接头、液压泵或系统其他元件泄漏严重	1. 清洗检查，更换阀芯 2. 清洗、疏通阻尼孔，检查油液的清洁度 3. 拆洗，检查，修整 4. 更换弹簧 5. 重新连接 6. 检查泄漏部位，拧紧接头，更换密封件，并修理或更换元件
噪声和振动	1. 锁紧螺母产生松动 2. 弹簧发生变形 3. 阀芯与阀体孔配合过紧 4. 锥阀磨损异常 5. 回油管路中有空气 6. 回油管阻力过大，回油管贴近油箱底面 7. 流量超过允许值 8. 压力上升到某一值时，与其他阀产生共振，发出尖叫声	1. 将松动的螺母拧紧 2. 更换新的弹簧 3. 修磨阀芯或研磨阀孔 4. 更换新的锥阀 5. 排除回油管的空气，紧固管接头 6. 适当增大管径，减少弯头，减小回油阻力；回油管口应离油箱底面有2倍管径以上的距离 7. 更换与流量对应的阀 8. 略微改变阀的额定压力值；变更弹簧，在先导阀高压油进口增加阻尼

（四）减压阀的常见故障及排除方法

减压阀的常见故障及排除方法见表1-8。

表1-8 减压阀的常见故障及排除方法

故障现象	故障分析	排除方法
压力波动不稳定	1. 油液中有空气 2. 阻尼孔时堵时通 3. 滑阀与阀体孔圆度超差，阀芯动作不灵敏，有时卡住 4. 弹簧太软、变形或在阀芯中卡住，使阀芯移动比较困难 5. 锥阀与阀座磨损严重，锥面有划伤，接触不良	1. 将油液中的空气排除 2. 清洗阻尼孔 3. “修研”阀孔及滑阀 4. 更换弹簧 5. “配研”锥阀与阀座，更换锥阀
二次压力升不高	1. 外泄漏 2. 锥阀与阀座接触不良 3. 调压弹簧太软	1. 更换密封件，紧固螺钉，并保证力矩均匀 2. 修理或更换锥阀与阀座 3. 更换弹簧
不起减压的作用	1. 泄油口不通；泄油管与回油管相连，并有回油压力 2. 主阀芯在全开位置时卡死	1. 清洗疏通泄油通道，减小泄油阻力；泄油管必须与回油管分开，单独回油箱 2. 修建、更换零件，检查油质

（五）换向阀的常见故障及排除方法

换向阀的常见故障及排除方法见表1-9。

表1-9 换向阀的常见故障及排除方法

故障现象	故障分析	排除方法
滑阀不换向	1. 油液中杂质、零件表面毛刺使滑阀卡住 2. 阀体发生变形 3. 复位弹簧变形、折断、太软或太硬 4. 电磁铁线圈烧坏或电磁铁推力不足 5. 电气线路出现故障 6. 液控换向阀控制油路无油或油压太低 7. 油液黏度太高使阀芯移动困难；油温过高使阀芯热变形卡住	1. 拆洗，清除脏物及毛刺，检查油液的清洁度 2. 调节阀体安装螺钉，使压紧力均匀，或“修研”阀孔 3. 更换弹簧 4. 查找原因，修理或更换 5. 清除故障 6. 检查原因并排除 7. 更换黏度适合的油液；将油温控制在要求范围内

续表

故障现象	故障分析	排除方法
电磁换向阀工作时有响声	1. 滑阀卡住或摩擦力过大 2. 电磁铁推杆过长或过短 3. 电磁铁铁芯的吸合面不平或接触不良	1. “修研”或调配滑阀 2. 修整或更换推杆 3. 修整吸合面，清除脏物
电磁铁过热或线圈烧坏	1. 线圈绝缘不良 2. 电压太高或太低，不稳定 3. 电磁铁铁芯与阀芯轴线同轴度不良 4. 阀芯卡住，电磁力推不动 5. 通过阀的压力和流量过大，超过规定值过多 6. 回油口背压过高	1. 更换线圈 2. 电压的变化值应在额定电压的 10%以内 3. 拆卸电磁铁重新进行装配 4. 检查原因并排除 5. 更换压力、流量符合要求的阀 6. 检查背压过高的原因，控制背压在规定值内

（六）液控单向阀的常见故障及排除方法

液控单向阀的常见故障及排除方法见表 1-10。

表 1-10　液控单向阀的常见故障及排除方法

故障现象	故障分析	排除方法
油液不逆流	1. 控制油压力过低 2. 控制油管道接头或阀端盖处漏油严重 3. 单向阀或控制活塞卡死 4. 外泄油口堵塞	1. 提高控制压力使之达到要求值 2. 紧固接头，紧固端盖螺钉，更换密封件 3. 清洗，修配，使之移动灵活 4. 检查外泄油管道，外泄口应单独回油箱
逆方向不密封，有泄漏	1. 单向阀在全开位置上卡死 2. 单向阀锥面与阀座锥面接触不均匀 3. 控制活塞在顶出位置上卡死	1. 清洗，修配，使阀芯移动灵活 2. 清洗，“配研”阀芯与阀座，或更换 3. 修配使其移动灵活

（七）节流调速阀的常见故障及排除方法

节流调速阀的常见故障及排除方法见表 1-11。

表 1-11 节流调速阀的常见故障及排除方法

故障现象	故障分析	排除方法
节流作用失灵及调节范围小	1. 节流阀阀芯与阀孔配合间隙过大，造成内泄漏大 2. 节流口堵塞 3. 节流阀芯卡住 4. 单向节流调速阀中单向阀密封不良	1. 检查泄漏部位零件磨损及配合情况，予以修复或更换 2. 拆卸清洗，过滤或更换油液，保持油液洁净 3. 拆开清洗，修理使其运动灵活 4. 研磨单向阀，提高密封性
运动速度不稳定，有时快时慢或跳动现象	1. 油中脏物黏附在节流口的表面，有时又被冲刷下来，造成通流面积时大时小，运动速度时快时慢，周期变化形成跳动现象 2. 油温升高，黏度降低，使运动速度加快 3. 节流阀内部、外部有泄漏，使流量不稳定 4. 阻尼装置（如调速阀中减压阀的阻尼孔）堵塞，系统中有空气，以致出现速度不稳定及跳动现象 5. 使用筒式节流阀时，因系统负载变化而引起速度变化 6. 调速阀中的减压阀失灵；温度补偿调速阀中的温度补偿装置失灵 7. 由于管道振动使调定的位置出现变化	1. 拆卸清洗有关零件，更换新油液并严格过滤，在阀的进口设置滤清器 2. 系统升温稳定后再调整节流阀或增设散热及温控装置 3. 检查零件的精度和配合间隙，修配或更换零件，连接处要严加密封 4. 清洗有关零件，增设排气装置，让工作部件快速运动，使空气强迫排出，保持油液清洁 5. 使用调速阀代替筒式节流阀 6. 检查失灵的原因，修复有关零件或更换整个阀 7. 调定后用锁紧装置锁住

（八）油温过高的常见原因及排除方法

油温过高的常见原因及排除方法见表 1-12。

表 1-12 油温过高的常见原因及排除方法

原因分析	排除方法
系统不需要或需要少量压力油时，大量油液长时间经溢流阀高压溢流回油箱，溢流损失过大使油温升高	改进系统设计，当系统不需要压力油时，油液经卸荷回路流回油箱；采用双泵或变量泵代替单个定量泵供油

续表

原因分析	排除方法
液压元件规格选用不合理。阀的规格过小，压力损失太大；液压泵的流量过大，溢流损失过大	根据系统工作压力和通过阀的最大流量选择阀的规格；根据系统压力、所需最大流量及流量变化选择液压泵的规格及供油方式
管路过长，管径过小，弯曲过多，造成压力损失过大	根据流量或泵、阀元件规格选择管径，合理布管，缩短管长，减少弯曲和截面变化
压力阀的调整压力过高	在满足系统正常工作条件下，尽可能降低各压力阀的调整压力
液压元件及系统各连接处内外泄漏过大，造成容积损失使油液发热	检修或更换液压元件，减少内泄漏；紧固管接头、连接处的螺钉，更换密封件，消除外泄漏
液压泵、液压马达等元件内部机械摩擦造成功率损失，使元件发热，油温升高	修理或更换元件，提高装配及安装质量，改善润滑条件
油液黏度过大或过小	更换黏度符合要求的液压油
油箱容量小，结构不合理，散热性能差	加大油箱的容量，改进结构，增加散热的面积，增设冷却装置
冷却器换热面积小或有故障，冷却水量不足，冷却水管中有污垢，管内有空气等原因使冷却效果不佳	增加冷却器换热面积，排除冷却系统的故障
环境温度高	尽量减少环境温度对液压系统的影响，装设冷却装置

第二节　钢结构基础知识

钢结构是以钢材制作为主的结构，主要由型钢和钢板等制成的钢梁、钢柱、钢桁架等构件组成，各构件或部件之间通常采用焊缝、螺栓或铆钉连接，是主要的建筑结构类型之一。因其自重较轻，且施工简便，广泛应用于大型厂房、桥梁、场馆、超高层等领域。

一、钢结构的特点

钢结构是用钢板、热轧型钢或冷加工成形的薄壁型钢制造而成的。钢结构和其他材料的结构相比，具有以下特点：

（一）钢材的强度高，塑料和韧性好

钢材和其他建筑材料（如混凝土、砖石和木材等）相比，其强度要高得多。因此，特别适用于跨度大或荷载大的构件和结构。钢材还具有塑性和韧性好的特点：塑性好，结构在一般条件下不会因超载而突然断裂；韧性好，结构对动力荷载的适应性强。良好的吸能能力和延展性还使钢结构具有优越的抗震性能。另一方面，截面小而壁薄的钢材构件，在受压时需要满足稳定性的要求，钢材的高强度性能有时不能充分显现出来。

（二）材质比较均匀，符合计算假定

材料试验证明，钢材的内部组织结构比较接近于匀质和各向同性体，而且在一定的应力范围内几乎是完全弹性的。因此，钢结构的实际受力情况和工程力学计算结果比较符合。钢材质量在冶炼和轧制的过程中可以严格控制，因而材质波动的范围很小。

（三）结构制造简便，施工周期较短

钢结构所用的材料品种比较单一，加工比较简便，并能使用机械进行操作。因此，大量的钢结构一般是在专业化的金属结构厂制成所需的构件，加工的精确度较高。构件在工地拼装，可以采用普通螺栓和高强度螺栓，有时还可以在地面拼装和焊接成较大的单元再吊装，以缩短施工周期。小部分的钢结构和轻钢屋架，也可以在现场就地制造，随即用简便的机具吊装。对已建成

的钢结构也比较容易进行改建和加固。

（四）钢结构质量轻，抵抗地震有利

钢材的密度虽比混凝土等建筑材料的密度大，但钢结构却比钢筋混凝土结构轻。以同样的跨度承受同样荷载，钢屋架的质量一般是钢筋混凝土屋架质量的1/4～1/3，从而为吊装提供了便利条件，同时对抵抗地震有利。另一方面，质量轻的结构对可变荷载的变动比较敏感，荷载超额的不利影响比较大。

（五）耐腐蚀性较差，维护费用较高

钢材耐腐蚀的性能比较差，必须注意对钢结构的防护。尤其是暴露在大气中的钢结构，更应特别注重锈蚀问题，这样就使钢结构的维护费用比钢筋混凝土结构高。试验结果表明，在没有侵蚀性介质的环境中，钢构件经过完全除锈并涂上合格的油漆，不会再产生锈蚀。近年来，我国生产的耐候钢具有较好的抗锈蚀性能，已经在各类工程中广泛应用。

（六）耐热性能较好，耐火性能很差

材料试验表明，钢材长期经受100℃辐射热时，其强度没有很大的变化，具有较好的耐热性能；但环境温度达100℃以上时，就需要用隔热层对钢材加以保护。由此可见，对于重要的钢结构必须注意采取防火措施，如利用蛭石板、蛭石喷涂层或石膏板等加以防护。

二、钢结构的材料

（一）钢材的技术性能

钢材的技术性能一般是指钢材的力学性能、工艺性能和为满足某些结构的需要而具有的特殊性能。钢材的力学性能指标是指钢材在标准条件下均匀拉伸中显示的屈服强度、抗拉强度、伸长率、冲击韧性；钢材的工艺性能指标主要指钢材的冷弯性能和焊

接性能。

（二）钢的种类和规格

1. 钢的种类

我国建筑结构用钢主要有碳素结构钢和低合金高强度结构钢两类。

碳素结构钢按含碳量不同，可分为低碳钢、中碳钢和高碳钢。碳的含量越大，钢的强度越高，但其塑性、韧性和可焊性却显著降低。碳素结构钢按其屈服强度分为五个牌号，在建筑结构中广泛应用的碳素结构钢的牌号为 Q235。依据质量等级及杂质含量，Q235 又分为 A、B、C、D 四个等级，质量等级 A 最低，D 最高。碳素结构钢牌号中还用 F、b、Z、TZ，分别表示沸腾钢、半镇静钢、镇静钢和特殊镇静钢，按国家规定，Z 和 TZ 可以省略不标。

低合金高强度结构钢是在钢中加入适量的合金元素，如锰、钒、硅等，使其晶粒变细、均匀，从而提高了钢的强度，同时又不降低其塑性及冲击韧性。低合金高强度结构钢的牌号表示方法与碳素结构钢相同。其中 Q345、Q390、Q420 是《钢结构设计规范》中推荐采用的钢种，它们分五个等级，A、B 级属于镇静钢，C、D、E 级属于特殊镇静钢。

2. 钢的规格

钢结构构件所用的型材主要有热轧型钢和冷弯薄壁型钢两大类。

建筑结构中常用的热轧型钢有工字钢、H 型钢、T 型钢、槽钢、角钢和热轧成型的钢板、圆钢、热轧无缝钢管等。

建筑结构中常用的冷弯薄壁型钢是由薄钢板经冷弯或模压而成的。按其截面形式不同有角钢、槽钢、Z 形钢、帽形钢、钢管等，还广泛用于墙面和屋面材料、涂有防腐材料的彩色压型钢板。

3. 钢的选用

工程实践证明，用作钢结构的钢材必须具有以下性能：

（1）较高的强度。即具有较高的抗拉强度和屈服强度。屈服强度高可以减小结构的截面，从而减轻结构自重，节约钢材，降低造价。抗拉强度高可以增大钢结构的安全性。

（2）足够的变形能力。即具有较好的塑性和韧性。塑性好则结构破坏前变形比较明显，从而可减少脆性破坏的危险性，并且塑性变形还能调整局部高峰应力，使之趋于平缓。韧性好表示在动荷载的作用下，结构破坏时要吸收较多的能量，同样也能降低脆性破坏的危险程度。对于采用塑性设计的结构和处在地震频繁发生地区的结构，钢材变形能力的大小具有特别重要的意义。

（3）良好的加工性能。即具有良好的热、冷加工的性能，同时还具有良好的可焊性。

三、钢结构的连接

钢结构是由钢板、型钢通过必要的连接组成构件，再通过一定的安装连接而成的整体结构。在受力过程中，连接部位应有足够的强度，被连接杆件间应保持正确的相对位置，以满足传力和使用的要求。连接的加工和安装比较复杂，因此，选定连接方案是钢结构设计中很重要的环节。良好的连接应当遵循安全可靠、节约钢材、构造简单和施工方便的原则。

在建筑工程中，钢结构的连接方式分为焊接、螺栓连接等几种。

1. 钢材焊接

焊接也称为熔接，是一种以加热、高温或者高压的方式熔接金属或其他热塑性材料如塑料的制造工艺及技术。焊接是目前钢结构中最主要的连接方法，其优点是构造简单、节约钢材、加工方便、易于采用自动化作业。

钢结构中常用的焊接方法主要有电弧焊、埋弧压力焊、电阻焊和气焊等。钢结构焊缝接头采用的形式有对接焊缝和角焊缝两种。

2. 螺栓连接

螺栓连接是一种广泛使用的可拆卸的固定连接，具有结构简单、连接可靠、装拆方便等优点。螺栓连接又可分为普通螺栓连接和高强度螺栓连接。

（1）普通螺栓连接。普通螺栓连接按其传力方式，可分为外力与栓杆垂直的受剪螺栓连接、外力与栓杆平行的受拉螺栓连接、同时受剪和受拉的螺栓连接。受剪螺栓依靠栓杆抗剪和栓杆对孔壁的承压来传力；受拉螺栓则由杆件使螺栓张拉传力；同时受剪和受拉的螺栓，则同时依靠栓杆抗剪和栓杆受拉来传力。

在不同类型的普通螺栓连接中，螺栓的规格和数量均需要由螺栓的受力计算来确定。

（2）高强度螺栓连接。高强度螺栓连接又可分为摩擦型和承压型两种。目前我国采用的高强度螺栓，按热处理后的强度分为10.9级和8.8级，其中整数部分表示螺栓成品的抗拉强度，小数部分表示屈强比。高强度螺栓的构造和排列要求，除栓杆与孔径的差值较小外，其他与普通螺栓相同。

第三节 起重吊装基础知识

起重吊装是脚手架搭设和拆除中经常遇到的作业，也是施工难度较大、危险性较高的操作。因此，如何选用起重设备、科学制定吊装方案，是脚手架施工中的重要工作。

一、常用起重绳索与吊具

（一）起重绳索

绳索在起重吊装工作中专门用来捆绑、搬运和提升物件，常用的绳索有麻绳、化学纤维绳和钢丝绳。

1. 麻绳

麻绳是起重吊装作业中常用的一种绳索，具有轻便、柔软、易捆绑等优点。一般用于质量较小物件的捆扎，也可作为起重绳、缆绳或平衡绳使用。在使用中应注意如下事项：

（1）麻绳的耐磨性较差和强度较低，只能用于质量较轻物体的捆绑，机动的起重机械及受力较大的场合不得使用麻绳。

（2）用于滑轮组的麻绳，要求滑轮的直径不得小于麻绳直径的 10 倍。

（3）用麻绳捆绑构件时，应用衬垫材料垫好构件的棱角处，防止棱角损伤麻绳。

（4）用于滑轮组的麻绳，应避免麻绳的绳结通过滑轮槽等狭窄的地方。

（5）为保护麻绳和延长其使用寿命，不要将麻绳和有腐蚀作用的化学物品接触，应将其存放在干燥木板上，不可受潮和高温烘烤。

（6）为保证麻绳的使用安全，当麻绳表面均匀磨损超过绳径的 30%，或局部损伤深度超过绳径的 10%时，应降级使用；有断股时应禁止使用。

2. 化学纤维绳

化学纤维绳主要有尼龙绳和涤纶绳两种，具有质量轻、柔软、耐腐蚀、弹性好等特点，通常用吊挂表面光洁或表面不允许磨损的机件和设备。在使用中应注意如下事项：

（1）化学纤维绳遇到高温时易熔化，使用和保存中要防止暴晒，避免高温和远离火焰。

（2）化学纤维绳弹性较大，起吊时不稳定，应特别防止吊物摆动伤人。另外，一旦出现断绳，其回弹幅度较大，应采取防止回弹伤人的措施。

（3）化学纤维绳摩擦力较小，当带载从缆桩上放出时，要防止绳索全部滑出伤人。

3. 钢丝绳

钢丝绳普遍用于起重机的吊装、变幅和牵引机构，还可用作桅杆起重机的张紧绳、缆索起重机与架空索道的支撑绳等。在起重吊运作业中，常被用来捆绑构件、物料和用作索具。钢丝绳的选用应考虑滑轮直径、钢丝绳的安全系数和抗拉强度等，在使用中应注意如下事项：

（1）钢丝绳的规格，应根据不同的用途来选择。如作用起吊重物或穿绕滑轮用的钢丝绳，可选用 6×37、6×61 规格的钢丝绳；用作缆绳或牵引绳用的钢丝绳，可选择 6×19 规格的钢丝绳。

（2）钢丝绳的直径，应根据所承受荷载的大小及钢丝绳的允许拉力来选择。

（3）钢丝绳的长度，应能满足当吊钩处于最低工作位置时，钢丝绳在卷筒上还缠绕有 2～3 圈的减载圈，避免绳尾压板直接承受拉力。

（4）新钢丝绳在使用之前，应认真检查其合格证，确认钢丝绳的性能和规格符合要求。

（5）钢丝绳穿过滑轮时，滑轮槽的直径应略大于绳的直径。如果滑轮槽的直径过大，钢丝绳容易压扁；如果滑轮槽的直径过小，钢丝绳容易磨损。

（二）起重吊具

吊具是指起重机械中吊取重物的装置，在起重吊运工作中需要各种形式的吊具。常用的吊具有吊索、卸扣、吊钩、吊环、平衡梁和滑轮等。吊具应构造简单、使用方便、容易拆卸、节省人力和时间，并保证起重吊运工作安全可靠。

1. 吊索

吊索是用钢丝绳制成的一种吊具，因此钢丝绳的允许拉力为吊索的允许拉力。吊索内力是在吊运物件时吊索实际产生的拉力，在工作中吊索内力不应超过其允许拉力。

吊索内力不仅与物件所受重力有关，还与吊索和水平面的夹角有关。夹角越大，内力越小；夹角越小，内力越大。吊索最理想的垂直状态不易达到，一般状态应不小于 30°，最好控制在 45°～60°。

2. 卸扣

卸扣用以连接起重滑轮和固定吊索等，是吊装工作中的重要工具之一，通用的有销子式和螺旋式两种。螺旋式较为常用，一般用碳素钢锻制而成，由马蹄环和横销两个部分组成。为了脱钩方便，将一般卸扣改制成半自动卸扣，即将横轴改成能在地面用拉绳拉动，横轴被拉出而形成脱钩；放松拉绳，横轴又借弹簧的弹力回到原来位置。

卸扣如无合格证明书，在使用前应按额定能力的 1.5 倍进行拉力试验。要经常检查马蹄环和横销的磨损情况，如发现严重磨损、变形或疲劳裂纹，应及时更换。

3. 吊钩和吊环

吊钩和吊环是吊装工作中应用最广的吊具，吊钩有单钩和双钩两种；吊环具有环形的封闭外形，常用于起重量很大的起重机上。为了使用方便，一般在吊装重型设备和专用起重机中宜采用铰接吊环。

吊钩和吊环一般是锻造的，表面应光滑，不得有剥痕、刻痕、锐角、裂纹等存在。每隔 1～3 年检查一次，若发现裂纹，应立即停止使用，如发现危险断面上磨损深度超过 10%，应根据实际断面尺寸验算，根据计算结果确定是否停止使用或降低标准使用。不允许对有裂纹等缺陷的吊钩进行补焊修理。

4. 平衡梁

在吊装屋架等大型物体时，既要保证物体的平衡，又要保证物体不被绳索摩擦损坏，一般应采用平衡梁（俗称铁扁担）进行吊装。这种吊装方法简单，安全可靠，它能承受由于倾斜吊装产生的水平分力，减小起吊时物体承受的压力，改善吊耳的受力情况，因而物体不会出现危险的变形，而且还可缩短吊索的长度，降低起吊的高度。

5. 滑轮和滑轮组

滑轮是起重吊运工作中的重要工具之一，滑轮组是由多个滑轮通过特定连接组成的省力吊运工具。滑轮组能省力多少，取决于共同承担物体重力的工作绳数。滑轮和滑轮组在使用中应注意如下事项：

（1）在使用前应进行安全检查。铭牌上的额定负荷、种类和性能应弄清楚；轮槽应光洁平滑，不得有损害钢丝绳的缺陷；轮轴、夹板、吊钩等各部分，不得有裂纹和其他损伤。

（2）滑轮轴应经常保持清洁，定期涂抹润滑油脂，保持转动灵活。

（3）在可能使钢丝绳脱槽的滑轮上，设置防脱槽的装置。

（4）滑轮的直径与钢丝绳的直径之比应符合有关要求。

（5）滑轮组在起吊前要缓慢加力，待绳索完全收紧后，检查有无卡绳、乱绳、脱槽现象，检查固定滑轮组的部位有无松动等情况。确认各项均正常后方可作业。

（6）为防止钢丝绳与轮缘摩擦，在拉紧状态时，滑轮组的上下滑轮之间的距离应保持 700～1200mm，不得过小。

（7）使用多个滑轮时，必须使每个滑轮都均匀受力，不能以其中的一个或几个滑轮承担全部荷载。

二、常用起重机具的安全技术

在建筑工程中常用的起重机具主要有千斤顶、倒链、电动卷扬机、地锚等。

（一）千斤顶

千斤顶是一种用比较小的力就能把重物升高、降低或移动的机具，其结构简单，使用方便。千斤顶按其构造形式可分为螺旋千斤顶、液压千斤顶和齿条千斤顶，实际工程中应用广泛的是螺旋千斤顶和液压千斤顶。千斤顶在使用中应注意以下事项：

（1）在使用前，应通过顶杆起落检查内部机构装配和传动的灵活性情况，检查油路是否畅通，还要检查油箱是否有足够的油量，油质是否符合要求。

（2）在使用过程中，千斤顶必须垂直安放在平整、坚实、可靠的地面上，并在其下面垫枕木、木板或钢板来扩大受压面积，以防设备滑动。

（3）千斤顶不得超负荷使用，顶升的高度不准超过活塞上的标志线。如无标志线，每次顶升量不得超过螺杆螺纹或活塞总高的3/4，以免将螺杆或活塞全部顶起。不准任意加长手柄，强迫液压千斤顶超负荷工作。

（4）顶升过程中应随构件的升高及时用枕木垫牢，应防止千斤顶顶斜或回油引起活塞突然下降。

（5）在顶升设备中途停止作业时，为防止大活塞突然下降，要进行衬垫，垫在大活塞顶端边沿与油缸上口的间隙中间。

（6）保持储油池的清洁，防止沙、灰尘等进入储油池内堵塞油路。千斤顶应放在干燥无尘土的地方，不可日晒雨淋，使用前应将其擦拭干净。

（7）液压千斤顶在落顶时，要微开油门，使其缓慢下降，应防止下降过快，以免损坏千斤顶。使用齿条式千斤顶时，在落顶时要手握摇把，缓慢地下落，防止摇把自转伤人或落顶过快造成事故。

（8）几个千斤顶联合使用时，各千斤顶应同步升降，每个千斤顶的起重能力不得小于其计算荷载的1.2倍。

（二）倒链

倒链又称为手动葫芦，可用来起吊轻型物件、拉紧桅杆的缆风绳等。倒链适用于小型设备和重物的短距离吊装及机械设备的检修拆装。这种起重机具具有结构紧凑、拉力较小、携带方便、使用方法比其他起重机具容易掌握等优点。倒链在使用过程中应注意以下事项：

（1）倒链在正式使用前，应检查传动部分是否灵活，链子和吊钩及轮轴是否有裂纹损伤，手拉小链是否有跑链和掉链等现象。

（2）使用时挂上重物后，要缓慢地拉动链条。当起重链条受力后，再检查链条部分有无变化，自锁装置是否起作用。经检查确认各部分情况良好后，方可继续工作。

（3）采用倒链起重时，不能超出额定的起重能力。在任何方向起重时，拉链方向应与链轮方向相同，要注意防止手拉链脱槽，拉链的力量和速度要均匀，不能过快过猛。

（4）要根据倒链的起重能力大小决定拉链的人数。如手拉链拉不动时，应查明原因，不能盲目增加人数合力猛拉，以免发生事故。

（5）倒链的转动部分要经常加油，保证良好的润滑性，减少部件之间的磨损。但不准将润滑油渗进摩擦片内，以防自锁装置失灵。

（三）电动卷扬机

电动卷扬机由于起重能力大、速度变换容易、操作方便安全，因此是起重作业经常使用的一种牵引设备。电动卷扬机主要由卷筒、减速器、电动机和控制器等部件组成。

电动卷扬机的固定方法有固定基础法和地锚法。电动卷扬机在使用过程中应注意以下事项：

（1）电气线路要经常进行检查，电动机要运转良好，电磁抱闸要灵敏有效，全机接地应无漏电现象。

（2）电动卷扬机的传动机构要啮合正确，运行中无杂声，还要经常加油润滑。

（3）卷筒上的钢丝绳必须排列整齐，吊装中卷筒上的钢丝绳至少要保留 3 圈。

（四）地锚

地锚又称锚桩、锚碇。起重作业中常用地锚来固定拖拉绳、卷扬机、缆风绳、导向滑轮等。地锚一般用钢丝绳、地龙木埋入地下做成。地锚是固定卷扬机不可缺少的装置，常用的形式有桩式地锚、坑式地锚。地锚在使用过程中应注意以下事项：

（1）木质地锚应选用落叶松、杉木等坚实的木料，严禁使用质脆或腐朽的木料。埋设前应涂刷防腐油，并在钢丝绳捆绑处加钢管和角钢保护。

（2）根据土质情况可按施工经验设置，也可经设计确定，开挖的基槽一定要规整。

（3）地锚的埋设处应平整不积水，因为雨水渗入坑内会泡软回填土，降低土壤的摩擦力和地锚的抗拔力，坑的四周要设置排水沟。

（4）拉杆或拉绳与地龙木的连接处，一定要用薄铁板垫好，防止由于应力过度集中而损伤地龙木。

（5）地锚只允许在规定的方向受力，其他方向不允许受力，更不允许超载使用。

（6）对于重要的吊装工程，地锚应经过试验后才能正式使用，可采用地面压铁或石的方法增加安全系数，使用时应派人专门进行监视，如发现变形应采取措施加固，以免发生事故。

（7）地锚附近（特别是前面）不允许取土，地锚拉绳与地面的水平夹角应保持在 30°左右。

（8）固定的建筑物和构筑物，可以作为地锚使用，但必须经过核算，确认其安全可靠。

三、常用行走式起重机械的安全技术

在建筑工程的起重作业中，常用的行走式起重机械主要有履带式起重机、轮胎式起重机和汽车式起重机。

（一）履带式起重机

履带式起重机操作灵活，使用方便，车身能360°回转，越野性能好；但机动性差，长距离转移时要用拖车或火车运输，对道路的破坏性较大，且起重臂拆装繁琐，增加了工人的劳动强度。

履带式起重机适用于一般工业厂房的吊装。履带式起重机在使用时应注意如下事项：

（1）履带式起重机运到现场组装起重臂杆时，必须将臂杆放置在枕木架上进行螺栓连接和钢丝绳穿绕作业。

（2）为确保履带式起重机的操作安全，应按照现行国家标准《起重机械安全规程》（GB 6067.1—2010）和产品说明书的规定，来安装起重机的幅度指示器、超高限位器、力矩限制器等安全装置。

（3）履带式起重机在正式吊装前应先空载运行，并检查各安全装置的灵敏可靠性。起吊重物时应在距离地面200～300mm处停机，进行试吊检验，确认符合要求后，方可继续作业。

（4）当履带式起重机接近满负荷作业时，应避免起重臂杆与履带呈垂直角度。当起重机吊物并短距离行走时，吊重不得超过额定起重量的70%，且吊物必须位于行车的正前方，并用拉绳保持吊物的相对稳定。

（5）当重物采用双机抬吊作业时，应选用起重性能相近的两台起重机进行，且单机的起吊荷载不得超过额定荷载的80%；两机的吊索在作业中均应保持竖直，且必须每次起吊荷载相同和同步落位。

（6）履带式起重机的行走道路必须坚实平整，周围环境必须开阔，且不得有障碍物。

（7）禁止用履带式起重机斜拉、斜吊和起吊地下埋设的重物或凝结在地面上的重物。

（二）汽车式、轮胎式起重机

汽车式起重机是在专用汽车底盘的基础上，再增加起重机构以及支腿、电气系统和液压系统等机构制成。汽车式起重机最大的特点是机动性很好，转移较方便，由于支腿及起重臂都采用液压式，所以可以大大减轻工人的劳动强度。但是汽车式起重机的超载性能差，且越野性能也不如履带式起重机，因此对道路的要求比履带式起重机更严格，在使用时应特别注意安全问题。

轮胎式起重机的动力装置是采用柴油发动机直流发电机，再由直流发电机发出直流电传输到各个工作装置的电动机。行驶和起重操作都在一起进行，行走装置为轮胎，起重臂为格构式。汽车式、轮胎式起重机在使用中应注意如下事项：

（1）汽车式、轮胎式起重机必须按照额定的起重量工作，不得超载和违反起重机使用说明书中所规定的条款。

（2）正式起吊作业前应伸出全部支腿，并采用方木或铁板垫实，调整好水平度，锁牢定位销；支腿处必须坚实，铺垫枕木以加大承压面积；还应对支腿进行检查，查看有无陷落现象，以保证吊装中的安全。

（3）汽车式、轮胎式起重机吊装作业时，汽车驾驶室内不得有人，重物不得超越驾驶室上方，且不得在车的前区吊装。

（4）汽车式、轮胎式起重机吊装作业时，重物应垂直起吊，不得侧拉，臂杆吊物回转时动作应缓慢。

（5）汽车式、轮胎式起重机吊物下降时，必须采用动力控制，下降停止前减速，不得采用紧急制动。

（6）当采用起重臂杆的副杆作业时，副杆由原来叠放位置转向调直后，必须先确认副杆与主杆之间的连接定位销锁牢，然后方可作业。

（7）汽车式、轮胎式起重机除应按规定装设力矩限制器、超高限位器等安全装置外，还应装设偏斜调整和显示装置。

（8）汽车式、轮胎式起重机行驶时，严禁人员在底盘上站立或蹲坐，且不得在底盘上堆放物件。

四、大型构件和设备的吊装安全技术

大型构件和设备的安装是建筑工程的重要组成部分，而吊装是大型构件和设备安装的主要内容。大型构件和设备的起重吊装作业中，保证作业安全、吊装可靠是非常重要的，既要保证吊装顺利快速，又要保证无人身事故发生。

一般起重吊装工作按质量可分三级：大型设备的起重吊装为40t以上；中型设备的起重吊装为15～40t；一般小型设备的起重吊装为15t以下。如果起重吊装的设备形状复杂、刚度较小、长细比大、精密贵重、施工条件特殊，起重量应提升一级。

起重吊装大型设备时，必须编制施工方案；起重吊装中型设备时，必须有技术措施。在用定型起重机械、履带式起重机、汽车式起重机等进行吊装作业时，必须遵守起重机械的操作规程。在吊装作业中使用的起重机具必须有出厂合格证，同时严禁超载使用。如果使用旧的起重机具，必须详细检查有无损伤，必要时由工程技术人员进行验算或试验决定。

（一）编制施工方案

根据工程施工经验，起重机械的吊装施工方案主要应包括以下内容：

（1）施工方案说明书主要应包括设备的质量、重心、几何尺寸、精密度等。

（2）在设备吊装的过程中，起重机具最大受力时的强度和稳定性的核算。

（3）平面布置图包括设备的运输、拼装、吊装的位置，桅杆竖立、移动或拆除的位置，或其他定型起重机的吊装位置，地锚和卷扬机的布置，警戒区域的范围等。

（4）在设备吊装过程中所用施工机具一览表，包括机具的类型、规格、数量等。

（5）在设备吊装过程中的劳动组织和岗位责任制，以及施工安全要求等。

（6）在设备吊装过程中施工指挥的命令下达程序，指挥信号的确定等。

（二）施工前的准备工作

（1）对于吊装施工中所用的施工机具、地锚等应进行自检，并应有详细的自检记录。

（2）在设备正式吊装前，应检查设备基础、地脚螺栓的位置是否符合工程质量要求。

（3）设备基础周围的土方应已回填夯实，施工现场的运输道路和地面应坚实平整。

（4）经检查待安装的设备已符合施工的要求，人员分工比较明确，并已具备吊装条件。

（5）施工电源能保证在整个吊装施工过程中的正常供电。

（6）根据施工方案中规定的施工期限，施工人员应掌握这期间的天气情况。

（7）正式吊装前一般应进行试吊，即将设备吊离地面，检查机具、缆风绳、地锚等受力情况，以及施工人员操作、指挥的熟练程度，确定无问题后才能正式吊装。

（8）其他必要的准备工作均已完成。

（三）起重吊装作业的安全技术

（1）凡参加吊装的施工人员都必须坚守工作岗位，并听从指挥，统一行动，确保吊装施工的安全可靠。

（2）在正式开始吊装前，吊装施工人员必须仔细检查被吊物体捆绑是否牢固、施工机具是否正常、物体重心是否找准。

（3）设备及构件在吊升时应平稳，避免出现较大的振动或摆动。在设备及构件就位前，不得解开索具。

（4）任何人在任何情况下不准随同吊装设备或吊装机具升降。

（5）在吊装设备或构件时，在作业范围内应设警戒线并树立明显的标志，严禁非工作人员通行。在进行吊装时，施工人员不准在设备或构件下面及受力索具附近停留。

（6）严禁在风力六级以上时进行吊装作业，大型设备吊装时的风力不能超过五级。

（7）不得在雾天及雨雪天吊装设备或拆移桅杆。夜晚进行吊装作业时，必须具有充足的照明，并应经有关单位同意。

（8）拖拉绳需跨越公路时，绳距路面不得低于7m，以免阻碍车辆通行，与带电线路距离应保持2m以上或设置保护架，严禁与电线接触，以防止发生事故。

（9）在进行吊装的过程中，如因故需中断时，必须采取可靠的安全措施，不得使设备或构件悬空过夜。

（四）起重机械的使用安全技术

（1）所有的起重机械必须由经过专业培训、考核合格，并持有操作证的施工人员操作。

（2）操作人员在接班时，应对制动器、吊钩、钢丝绳和安全装置进行检查。发现性能不正常时，应在操作前排除。开动吊装机具时，必须首先鸣铃或报警。操作中接近人时，应给以断续铃声或报警。

（3）吊装作业必须按指挥信号进行操作。不论何人发出紧急停车信号，都应立即执行。

（4）当确认起重机上或其周围无人时，方可闭合主电源。在闭合主电源前，应使所有的控制器手柄置于零位。

（5）当在吊装中突然断电时，应将所有的控制手柄扳回零位；在重新工作前，应检查起重机的动作是否正常。

（6）在轨道上露天作业的起重机，当吊装工作结束时，应将起重机锚定住。当风力大于六级时，一般应停止工作，并将起重机锚定住。对于在海边工作的起重机，当风力大于七级时，应立即停止工作，并将起重机锚定住。

（7）施工人员在对起重机械进行保养时，应切断主电源并挂上标志牌或加锁。必须带电修理时，应戴绝缘手套、穿绝缘鞋、使用带绝缘手柄的工具，并有专人监护。在正常的吊装作业中，不得对起重机械进行检查和维修。

（8）吊装作业必须严格遵守"十不吊"的原则，即遇有被吊物质量超过机械的性能允许范围、信号不清、吊物下方有人、吊物上站人、埋在地下物、斜拉斜牵物、散物捆绑不牢、立式构件和大模板等不用卡环、零碎物无容器、吊装物质量不明等情况均不得进行吊装作业。

（9）起重机在运行时，不得利用限位开关停车。对无反接制动性能的起重机，除特殊紧急情况外，不得打反车制动。不得在有荷载情况下调整起升、变幅机构的制动器。

（10）在进行吊运时，重物不得从人头顶通过，吊臂下严禁站人。

（11）在厂房内吊运货物应按指定的通道行走。在没有障碍物的线路上运行时，吊物（吊具）底面应吊离地面 2m 以上；有障碍物需要穿越时，吊物（吊具）底面应高出障碍物顶面 0.5m 以上。

（12）起重机在吊装工作时，臂架、吊具、钢丝绳、缆风绳及重物等，与输电线路的最小距离不应小于表 1-13 的规定。

表 1-13 臂架及重物等与输电线路的最小距离

输电线路电压 u（kV）	<1	1～35	≥60
最小距离（m）	1.5	3.0	$0.01(u-50)+3.0$

（13）吊起的重物不得在空中悬停时间过长。重物起落时的速度要均匀，非特殊情况不能紧急制动和急速下降。

（14）对于流动式起重机，工作前应按说明书的要求平整停机场地，牢固可靠地打好起重机的支腿。

（15）当吊臂的仰角很大时，不准将起吊的重物骤然落下，以防止起重机向另一侧翻倒。吊运重物时不准落臂；确实需要落臂时，应先把重物放在地上再落臂。

（16）在起重机回转过程中，动作一定要平稳，千万不要突然制动。

（17）两台或多台起重机吊运同一重物时，各台起重机的升降、运行应保持同步；各台起重机所承受的荷载均不得超过各自的额定起重能力。

（18）有主、副两套起重机构的起重机，在一般情况下，主、副两套起重机构不应同时开动。

（19）禁止在起重机上存放易燃易爆物品，司机室内应配备灭火器。

（20）在吊装作业中起重发出的指挥信号必须准确，动作信号必须在所有人员退到安全位置后发出。

第二章　附着升降脚手架概述

进入 20 世纪 90 年代以后，由于城市化的迅速发展，高层建筑以及高耸构筑物在建筑工程中所占的比重逐渐扩大，对施工脚手架在安全可靠、施工速度、使用方便和经济效益方面提出了更高的要求，从而促使一些新型的脚手架相继问世，附着升降脚手架开始在建筑施工中出现，并得以迅速发展。

附着升降脚手架也称为爬架，是在挑、吊、挂脚手架的基础上发展起来的，是适应高层建筑、特别是超高层建筑施工需要的新型脚手架。工程实践证明，附着升降脚手架可以满足结构施工、安装施工、装修施工等施工阶段中，操作人员在建筑物外侧进行操作时的施工工艺及安全防护需要。

第一节　附着升降脚手架的特点

附着升降脚手架是指搭设一定高度并附着于工程结构上，依靠自身的升降设备和装置，可以随着工程结构逐层爬升或下降，具有防倾覆、防坠落装置的外脚手架。附着升降脚手架主要由附着升降脚手架架体结构、附着支座、防倾覆装置、防坠落装置、升降机构及控制装置等构成。附着升降脚手架之所以在工程中广泛应用，是因为具有明显的特点：

（1）节约大量人力物力。无论建筑物多少层，附着升降脚手架从地面或者较低的楼层开始一次性组装脚手架，就可以满足整个建筑物主体结构施工和外墙装饰施工的需要，中间不再需要搭设其他脚手架。据统计，同落地式脚手架相比，一次安装至少可节约钢材 60%，至少节约投资 40%，并节省大量人工。

（2）可以实现自动升降。附着升降脚手架的架体附着支撑在建筑物结构上，依靠自身的升降设备，可随着建筑物主体结构的施工逐层爬升，同时也能实现下降施工作业，在建筑施工中起到提供操作平台和安全防护的作用。

（3）可以做到管理规范。附着升降脚手架设备自动化程度比较高，不仅可以按设备进行管理，而且因其只有 4～5 倍楼层高，附着支承在固定位置，很规律，便于检查管理。与传统的脚手架相比，可有效避免因连墙件的缺少、搭拆时物体坠落、搭拆时吊车吊装等带来的不安全因素。

（4）可以提高施工工效。附着升降脚手架围绕建筑主体结构的外围搭设，施工中不仅可以整体进行升降，而且也可以分段分片进行升降，操作非常方便。据工程测定表明，在实际操作中，升降一层及就位固定所用的时间一般仅需 2～3h，而搭拆一层普通脚手架至少需要 1 天时间。因此，使用附着升降脚手架有利于提高建筑工程的施工进度。

（5）有利于安全施工。附着升降脚手架的整个架体具有足够的强度和刚度。竖向主框架、架体水平梁架节点杆件的轴线汇交于一点，支座明确合理。在地面或低层一次搭设完成后，整个升降施工中不需要增加脚手架材料，避免了高空多次搭拆脚手架体带来的不安全因素；由于整个搭设的附着升降脚手架在建筑物外围形成封闭的脚手架体，可有效地防止高空坠落物发生。

（6）适用范围广泛。工程实践证明，附着升降脚手架一般适用于主体结构高大，外形结构无较大变化的各种类型高层建筑，包括建筑物平面呈矩形、曲线形或多边形的各类建筑物主体结结的施工，如剪力墙、框剪、框架、筒仓、悬挑大阳台等结构，并且不受建筑层高变化的影响，既能单片升降，又能分片或整体升降，可以采用电动葫芦提升，以适应不同用户要求。

（7）专业性要求较高。附着升降脚手架是由各种类型的钢结构、附着支撑结构、升降机构、电气控制设备、安全保护系统组成的高空作业脚手架，涉及脚手架、钢结构、电气、机械和自动控制等技术领域。与其他各种类型脚手架施工相比，无论是附着升降脚手架的安装、使用、拆除和施工管理，还是从事附着升降脚手架施工作业人员的业务素质，对专业性的要求均比较高，这就要求操作者和管理者必须经过专业培训。

（8）可以实现施工文明。附着升降脚手架是经专业设计、专业施工的，不仅可以反复周转使用，而且可以做到管理规范，再加上施工和管理人员的素质比较高，很容易满足文明施工的要求。

第二节　附着升降脚手架的分类

附着升降脚手架的分类方法很多，在实际工程中主要有按架体的升降方法不同分类、按附着支撑结构的形式不同分类、按升降机构的类型不同分类。

一、按架体的升降方法不同分类

附着升降脚手架按架体的升降方法不同，可分为单跨附着升降脚手架、多跨附着升降脚手架、整体附着升降脚手架、互爬式附着升降脚手架四种。

（一）单跨附着升降脚手架

单跨附着升降脚手架是指仅有两套升降机构，并可以单跨升降的附着升降脚手架，单跨附着升降脚手架如图 2-1 所示。单跨附着升降脚手架一般用于无法连成整体的升降脚手架的部位。例如，采用手拉葫芦作为升降机构时，只能用单跨附着升降脚手架。

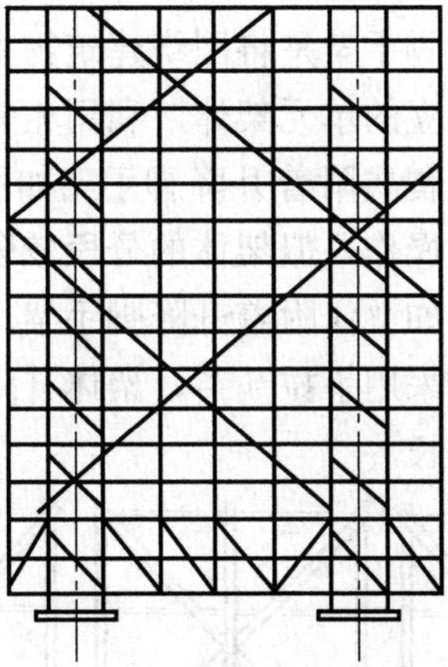

图 2-1　单跨附着升降脚手架

（二）多跨附着升降脚手架

多跨附着升降脚手架是指有三套以上升降机构，并可以同时升降的连跨升降脚手架。在建筑物主体结构的外墙面上下有变化，以及有分段流水的施工作业时使用。

由于多跨附着升降脚手架不能形成整体结构，因此在架体升降过程中，不仅对架体防倾覆装置的安装和使用要求较高，而且每层的升降用时较多。

（三）整体附着升降脚手架

整体附着升降脚手架是指有多套升降机构，整个架体形成一个封闭的空间，并且可以整体升降的多跨附着升降脚手架。整体附着升降脚手架应用于建筑物主体结构上下无变化的情况，其整体性能良好，架体向里外倾覆的可能性比较小，在升降过程中的安全性能优于其他附着升降脚手架。由于整体附着升降脚手架在升降过程中有多套升降机构同时工作，因此，对控制升降机构的同步性能要求较高。

（四）互爬式附着升降脚手架

互爬式附着升降脚手架是将围绕建筑物主体结构外围的升降脚手架分成一段段独立的单元架体，利用相邻架体互为支点并交替提升的脚手架，互爬式附着升降脚手架如图 2-2 所示。这种脚手架结构简单、易于操作，但架体的分段较多，架体的整体性较差，安全防护性能不如整体附着升降脚手架。互爬式附着升降脚手架的升降机构一般采用手拉葫芦，架体升降的同步性差，每层升降的操作时间比较长。

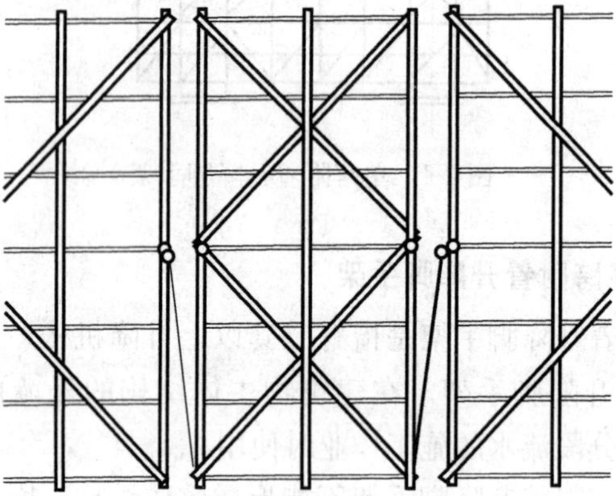

图 2-2　互爬式附着升降脚手架

二、按附着支撑结构的形式不同分类

附着升降脚手架按附着支撑结构的形式可分为吊拉式、吊轨式、导轨式、导座式、套框式、挑轨式、套轨式、锚轨式等，在工程中常见的附着支撑形式有吊拉式附着支撑、导轨式附着支撑和套框式附着支撑三种，其他附着支撑形式基本上是这三种形式的改型和扩展。

(一) 吊拉式附着支撑

吊拉式附着支撑由上、下两套附着支撑装置组成：上面一套附着支撑装置有提升挑梁（又称为悬挂梁、悬挑吊梁）、上拉杆和穿墙螺栓等部件，吊拉式附着支撑结构如图 2-3 所示。架体的升降是利用从外墙面或边梁上悬挑伸出来的提升挑梁和上拉杆附着支撑在建筑物上，通过若干组悬挑在提升挑梁的升降机构吊拉住架体来实现的；而架体的附着固定则利用另一套下拉杆连接在建筑物主体结构上。

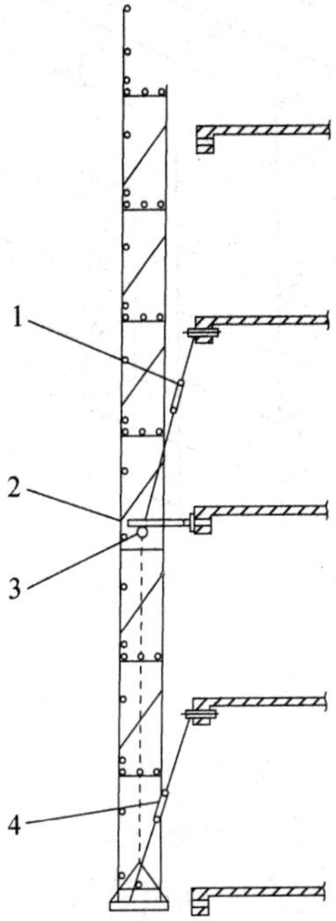

图 2-3 吊拉式附着支撑结构

1—上拉杆；2—提升挑梁；3—升降机构；4—下拉杆

吊拉式附着支撑的显著特点是架体在升降的过程中，提升吊点的位置处于升降脚手架的重心，架体属于中心提升，升降过程比较平稳。架体向里外倾覆的水平分力比较小，防倾覆装置的受力处于较理想的状态。由于提升状态的需要，提升挑梁和上拉杆固定在建筑物上并伸到架体内部，移动的架体在升降时必须避让提升挑梁和上拉杆，因此每套升降机构从下往上至少有 3～4 步的内侧桁架面不连续，而且这几步架体的操作面也不连续。吊拉式附着支撑升降脚手架内部桁架结构如图 2-4 所示。

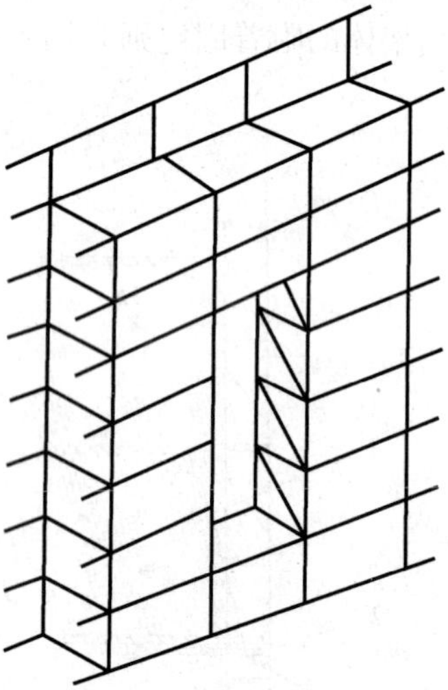

图 2-4　吊拉式附着支撑升降脚手架内部桁架结构

（二）导轨式附着支撑

导轨式附着支撑是为高层建筑结构或装修施工提供人员防护用的电动附着升降脚手架。导轨式附着支撑是指架体的附着固定、升降以及防坠落装置和防倾覆装置均依靠一套导轨系统来实现。导轨式附着支撑包括具有结构简单紧凑并设有防坠装置的提升吊挂件、具有足够刚度的框架式导轨、竖向框架及钢管焊接成的底部水平承力桁架体系、卸荷附墙导向座以及结构简单便于操作的限位锁。导轨式附着支撑如图 2-5 所示。

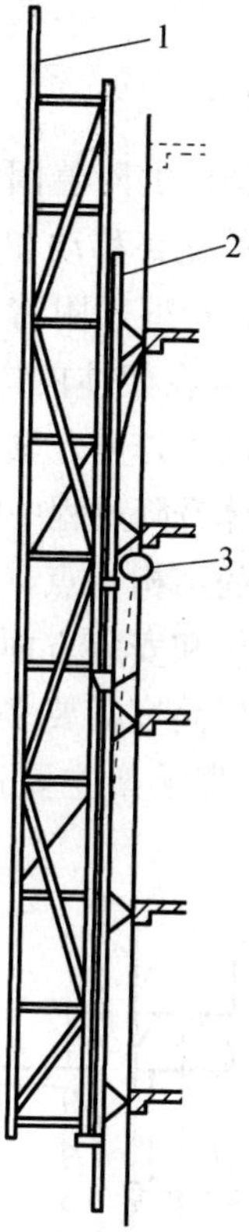

图 2-5　导轨式附着支撑

1—架体；2—导轨；3—升降机构

脚手架升降时升降机构安装在架体的内侧面，升降机构与架体不发生相互运动干涉，每个机位处内侧桁架不需要断开，每步的操作面都是连续的，操作人员在架体上行走或操作比较方便。由于升降机构的提升吊点设置在架体的内侧，导轨式附着支撑脚手架属于偏心提升。在提升的工况下，架体的外倾力矩比较大，导轨及其固定处的竖向主框受力状态比较差，变形后影响架体的正常升降。因此，对脚手架导轨的设计、制作、附着固定和安装调整要求较高。

（三）套框式附着支撑

套框式附着支撑是指架体的附着固定和升降是通过两个能相对滑动的主框架和套框架的交替移动和固定来实现的。套框式附着支撑结构如图 2-6 所示。套框式附着支撑具有结构简单、便于操作等特点。升降机构安装在架体的内部，随着架体一起升降，这样减少了移动升降机构的工作量。套框架既可作为架体升降的附着支撑点，又可作为架体升降过程中的防倾覆装置。

由于套框式附着支撑的结构特点，两个框架在相互接触和移动范围内的桁架结构在制作和安装方面要求较高。因受到结构的限制，每次架体升降一楼层高度需要多次移动框架，每层的升降时间比较长。套框式附着脚手架主要适用于剪力墙结构的高层建筑。

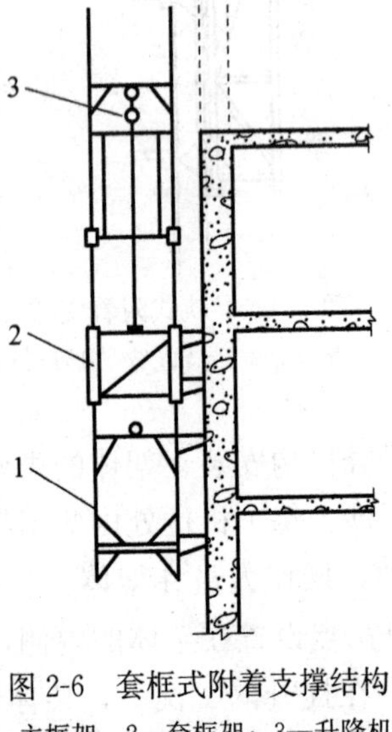

图 2-6　套框式附着支撑结构

1—主框架；2—套框架；3—升降机构

三、按升降机构的类型不同分类

按升降机构的类型不同，附着升降脚手架可分为手拉环链葫芦、电动葫芦、电动卷扬机、液压动力设备等。

（一）手拉环链葫芦

以手拉环链葫芦作为升降机构的附着升降脚手架，一般采用3～5t的手拉葫芦作为架体的升降机构。其具有结构简单、质量较轻、易于操作、使用方便、节省能源等特点。因采用人工操作，出现故障时可及时发现、排除或更换。由于其力学性能较差，人工操作因素影响较大，多台手拉环链葫芦同时工作时不易保持同步性，因此手拉环链葫芦附着升降脚手架不适用于多跨或整体附着升降脚手架，一般只用于单跨升降式脚手架的升降施工。

（二）电动葫芦

以电动葫芦作为升降机构的附着升降脚手架，一般采用5～10t的电动葫芦作为架体的升降机构。这类升降机构体积小，质量轻，升降速度一般为0.08～0.15m/min。工程实践证明，电动葫芦附着升降脚手架运行平稳，制动灵敏可靠，可实现群体使用时的电控操作，安装和使用均非常方便，使用范围比较广。

（三）电动卷扬机

以电动卷扬机作为升降机构的附着升降脚手架，具有采用钢丝绳提升、结构简单，架体每次升降的高度不受限制，升降速度较快等特点。与电动葫芦和手拉葫芦相比，因其体积和质量较大，安装和使用的位置不易布置，在附着升降脚手架中应用较少。

（四）液压动力设备

以液压动力设备作为升降机构的附着升降脚手架，具有架体升降非常平稳、安全可靠、整体同步性能好等特点。但受到液压缸行程的限制，架体无法连续升降，每层升降的时间较长。因其结构比较复杂，安装和维护技术水平要求高，一次性投资及维修成本较高。

四、附着升降脚手架的常见形式

在建筑工程中常用的附着升降脚手架，按构造形式不同分为套管式附着升降脚手架、悬挑式附着升降脚手架、互爬式附着升降脚手架和导轨式附着升降脚手架等。这里对以上四种附着升降脚手架进行介绍。

（一）套管式附着升降脚手架

套管式附着升降脚手架的主要构件是一个套管升降架，如图2-7所示。每个升降架由外架（也称固定架）和内架（也称活动架、套架）组成。外架是直径较小的由钢管焊接而成的框架，其高度一般为3个楼层高，宽度为1.0m左右，中间一段不设横向杆件。内架是用内径大于外架钢管外径的无缝钢管焊成的框架。外架所用的钢管直径为48mm、壁厚为3.5mm，内架所用的钢管直径为63.5mm、壁厚为4.0mm。内架的立管套在外架的立管上，内架可沿外架立管上下滑动，滑动的幅度即为每次升（降）的幅度。

外架和内架均设有两个与建筑物墙（或柱）连接的固定附墙支座。当进行提升时，首先将提升葫芦悬挂在外架的上横杆上，通过钢丝绳用吊钩吊住内架的下横杆，松开内架与建筑物墙（柱）的连接，操纵提升葫芦提升内架，再将内架与建筑物连接面固定，然后再将提升葫芦挂到内架的上横杆上，钢丝绳吊住外架的下横杆，松开外架与建筑物的连接，操纵提升葫芦提升外架，然后将外架与墙（柱）连接固定，这样就完成了一个提升过程。

每一提升循环，可提升一个楼层高度。内架和外架如此交替提升，升降架即可沿建筑物逐步升高。下降时的操作与提升时相似，只是依次将内架、外架下降。

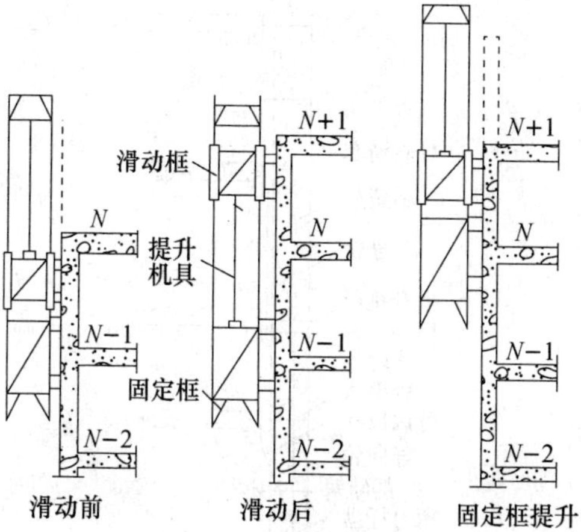

图 2-7　套管式附着升降脚手架

（二）悬挑式附着升降脚手架

悬挑式附着升降脚手架也称整体提升式外墙脚手架，这是目前应用较广的一种附着升降脚手架，其种类也比较多。这种脚手架的基本构造主要由脚手架、爬升机构和提升系统三部分组成，如图 2-8 所示。脚手架可用扣件式钢管脚手架或碗扣式钢管脚手架搭设而成；爬升机构包括承力托盘、提升挑梁、导向轮及防倾覆、防坠落安全装置等部件；提升系统一般使用环链式电动葫芦和控制柜，电动葫芦的额定提升荷载一般不小于 70kN，提升速度不宜超过 250mm/min。

悬挑式附着升降脚手架的升降原理为：将电动葫芦挂在挑梁上，电动葫芦的吊钩挂在承力托盘上，使各电动葫芦受力，松开承力托盘同建筑物的连接，开动电动葫芦，则爬架沿建筑物上升或下降，待爬架升高或下降一层，到达预定位置时，将承力托盘同建筑物固定，并将架子同建筑物连接好，则脚手架完成一次升高或下降的过程。再将挑梁移至下一个位置，准备下一次升降。

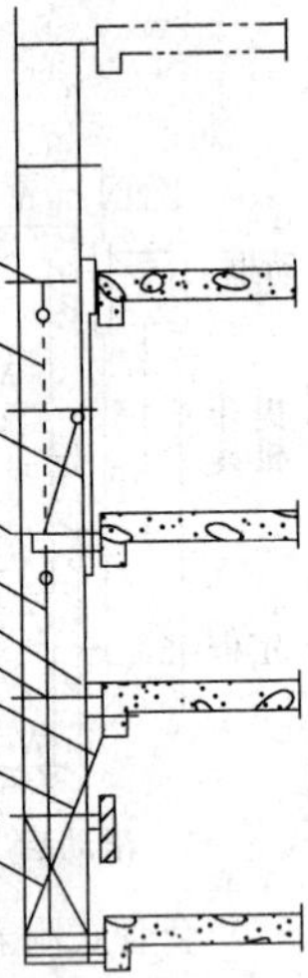

图 2-8　悬挑式附着升降脚手架

（三）互爬式附着升降脚手架

互爬式附着升降脚手架又称为相邻段交替升降脚手架、互升降附着脚手架，其基本构造由单元脚手架、附墙支撑机构和提升装置组成。单元脚手架可由扣件式钢管脚手架或碗扣式钢管脚手架搭设而成；附墙支撑机构是将单元脚手架固定在建筑物上的装置，可通过穿墙螺栓或预埋件固定，也可通过斜拉杆和水平支撑将单元脚手架吊在建筑物上，还可在架子底部设置斜撑杆支撑脚手架；提升装置一般使用手拉葫芦，其额定提升荷载不小于20kN，手拉葫芦的吊钩挂在与被提升单元相邻架体的横梁上，挂钩则挂在被提升单元底部。互爬式附着升降脚手架的升降过程如图 2-9 所示。

互爬式附着升降脚手架，分为甲、乙两种单元，甲、乙单元沿外墙相间布置，相邻单元设有滑轨和滑槽组成的连接装置。在脚手架升降时，甲、乙单元互为支点，交替升降。相隔的单元脚手架可以同时进行升降操作。

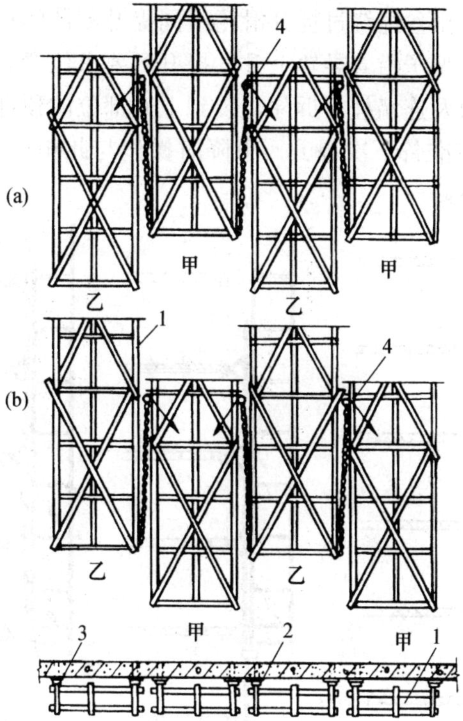

图 2-9　互爬式附着升降脚手架

（四）导轨式附着升降脚手架

导轨式附着升降脚手架，其基本构造由脚手架、爬升机构和提升系统三部分组成。爬升机构是一套独特的机构，主要包括导轨、导轮组、提升滑轮组、提升挂座、连墙支杆、连墙支座、连墙挂板、限位锁、限位锁挡块及斜拉钢丝绳等构件。其提升系统也是采用手拉葫芦或环链式电动葫芦。

导轨式附着升降脚手架的升降原理如图 2-10 所示。导轨沿建筑物竖向布置，其长度比脚手架高一层，脚手架的上部和下部均装有导轮，提升挂座固定在导轨上，其一侧挂提升葫芦，另一侧固定钢丝绳，钢丝绳绕过提升滑轮组同提升葫芦的挂钩连接；启动提升葫芦，架子沿着导轨上升，提升到要求位置后固定；将底部空出的导轨及连墙挂板拆除，装到上升部位的顶部，将提升挂座移到上部，准备下次提升。下降时操作与此相反，如此反复，即可提升和下降。

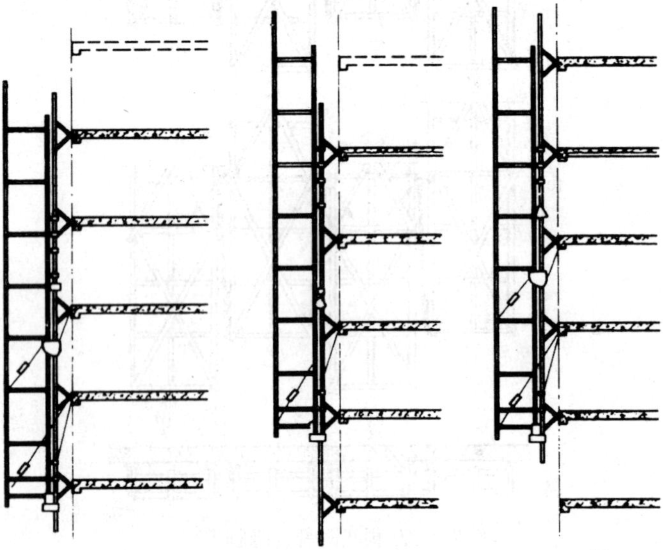

(a) (b) (c)

图 2-10　导轨式附着升降脚手架

第三节　附着升降脚手架的基本要求

附着升降脚手架的基本要求，主要包括附着升降脚手架的一般要求、附着升降脚手架的功能要求和附着升降脚手架的安全要求。

一、附着升降脚手架的一般要求

（1）附着升降脚手架应满足安全、适用、简便和经济的要求，随着高层和超高层建筑的发展，应尽快使这种脚手架达到设备化、标准化和系列化。

（2）附着升降脚手架的架体应构成一个牢固的整体，不仅要具有足够的强度、刚度和稳定性，而且还应具有足够的安全储备。

（3）附着升降脚手架在升降的过程中，应当十分稳定和垂直，不得有任何晃动、倾斜和水平方向错动等情况产生。

（4）附着升降脚手架的附墙措施要考虑周全，要考虑在结构施工时，混凝土未达到设计强度之前的实际强度，并要对这些不利情况进行认真核算。

（5）附着升降脚手架所采用的动力设备要认真检查、核对，所有动力设备应符合产品规定、使用规定和其他有关技术规定的要求。

（6）各类不同的附着升降脚手架，均要按照各自的特点分别进行设计计算，在使用中必须具备构造参数、设计计算书、试验检验报告、适用范围和使用规定等方面的资料。

二、附着升降脚手架的功能要求

（1）附着升降脚手架应满足结构施工中钢筋绑扎、装拆模板、浇筑混凝土、砌筑墙体等操作方面的要求。

（2）附着升降脚手架应满足装饰施工中进行抹灰、镶贴面砖、嵌挂石材、喷涂涂料、安装幕墙、表面装饰等各种操作要求。

（3）附着升降脚手架应满足操作人员在脚手架上工作、上下通行、暂时休息、物料搬运及堆放等方面的要求。

（4）在附着升降脚手架升降时，要考虑到塔式起重机和室外电梯的附墙支撑与架体的相互影响。

（5）附着升降脚手架不仅要适应高层建筑平面和立面的变化需要，而且应满足特殊使用功能的要求，如附加模板系统组成爬升模板等。

三、附着升降脚手架的安全要求

（1）附着升降脚手架在升降过程中，要保持垂直和水平位移的约束，随时对脚手架进行检查和观察，防止出现架体的摆晃、内外倾斜或倾覆现象。

（2）附着升降脚手架在升降过程中，如因动力失效、起重绳索断裂、横吊梁掉落等情况出现时，要有防止架体坠落和具有迅速锁住架体防止滑移的可靠措施。

（3）为使附着升降脚手架能够水平均匀升降，要设置自动同步控制装置，严格控制升降过程中的同步性和水平度，防止出现因偏斜受力超载而坠落事故。

（4）附着升降脚手架的架体，要做到各操作层封闭、外侧封闭、底层全封闭，同时架体顶应超出施工面 1.2m 以上。

（5）动力设备的控制系统要具有能够整体升降、分片升降及“点提”调整功能；还应具有过载保护、短路保护功能；当采用电力动力设备时，其布线和接线要符合安全用电的技术要求。

（6）爬升机构与建筑结构的附墙连接要确实牢靠，其连接方法、强度和位置一定要有绝对把握，必要时应进行专门设计计算和试验确定。

四、附着升降脚手架的构造要求

附着升降脚手架的构造要求，应当符合下列规定：

（1）架体立杆的横向间距为 0.9～1.0m，立杆的纵向间距不大于 1.5m，栏杆高度应大于或等于 1.5m，架体支承点设置的水平间距（架体跨度）不应大于 8.0m。

（2）位于附着支承点左右之外的悬挑长度：当为两端对称悬出时，不得大于 2.0m；当为单面悬出时，不得大于 1.0m；位于附着支承点以上悬出的高度，不得大于 4.5m；当必须超出以上悬出长度时，必须采取相应措施。

（3）架体的高度则应满足附着升降脚手架的附着支承和抗倾覆能力的要求，在一般情况下，架体全高与支承跨度的乘积不应大于 110。

（4）当脚手架在升降时，其上、下附着支承点的间距不得大于楼层高度，也不小于 1.8m；在使用时，当采用架体直接附着构造时，竖向相邻附着支承点的间距不得大于楼层高度及 4.5m；若采用导轨附着构造时，架体与导轨之间的支撑点不得少于两处，相邻附着点的间距不应大于 4.5m，而导轨与建筑结构的相邻附着点的间距不得大于楼层高度及 3.6m。

（5）附着支承本身的构造必须满足升降工作状况下的支承和抗倾覆的要求。当具有整体和分段升降功能时，其附着支承构造应同时满足以上两种情况下，在最不利受力情况下的支承和抗倾覆的要求。

（6）附着升降脚手架架体的承力桁架，应采用焊接或螺栓连接的轴向拼装桁架，并应向定型化、工具化方向发展。

（7）架体外侧和架体在升降状态下的开口端，要采用密目式安全网（每 $1cm^2$ 面积内多于 20 目）围挡。架体与工程结构外表面之间和架体之间的间隙，要有防止材料坠落的措施。另外，当脚手架在升降时，由于要通过塔式起重机、电梯等的附着装置，必须拆卸脚手架架体的部分杆件，应采用相应的加固措施，以确保架体的整体稳定。

（8）附着升降脚手架的提升机具优先采用重心吊，即吊心应设在架体的重心。若采用偏心吊时，提升座应与偏心吊进行刚性连接，且必须具有足够的刚度和强度。

设于架体的防倾覆、防坠落装置和其他设备，必须固定在架体的靠墙一侧，其设置部位应具有加强的构造措施。

（9）在多风地区或风季使用附着升降脚手架时，除在架体下侧设置抵抗风载上翻力的拉结装置外，并从架体底部每隔 3.6m 在里外两纵向水平杆之间，于立杆节点处，沿纵向设置水平“之”字形斜杆，以抵抗水平风力。

（10）架体外侧禁止设置用于吊物等增加倾覆力矩的装置。如果确实需要设置与作业层相连或有共用杆件的卸料平台时，必须在构造上采用自成系统的悬挑、斜撑（拉）构造，严禁对架体产生倾覆力矩。

第三章　附着升降脚手架的基本结构

附着升降脚手架是指搭设一定高度并附着于工程结构上，依靠自身的升降设备和装置，可随工程结构逐层爬升或下降，具有防倾覆、防坠落装置的外脚手架。因其低碳性、实用性、安全性、经济性、机械化、结构简单、外表美观等显著特点，近年来在我国大中型城市中得到了广泛的应用。

第一节　附着升降脚手架的基本组成

附着升降脚手架是一种专门用于高层建筑施工的脚手架，一般主要由架体、爬升机构、动力及控制设备、安全装置等组成。

一、架体

架体常用桁架作为底部的承力装置，桁架两端支承于横向刚架或托架上，横向刚架又通过与其连接的附墙支座固定于建筑物上。架体本身一般均采用扣件式钢管搭设，其高度一般不小于4个楼层的高度，架宽不宜超过1.2m，分段单元脚手架的长度不超过8m。

架体的主要构件有立杆、纵向水平杆、横向水平杆、斜杆、剪刀撑、脚手板、梯子、扶手等。脚手架的外侧设有密目式安全网进行全封闭，每步架均设防护栏杆及挡脚板，底部满铺一层固定的脚手板。整个架体的作用是提供操作平台、物料搬运、材料堆放、施工人员通行和安全防护等。

二、爬升机构

爬升机构是附着升降脚手架的主要组成部件，也是脚手架升降的动力设备。设置的爬升机构既可实现架体升降、导向、防坠、固定提升设备、连接吊点，也可实现架体通过横向刚架与附墙支座的连接等。爬升机构的作用主要是进行可靠的附墙连接和保证将架体上的恒荷载与施工活荷载，能安全、迅速、准确地传递到建筑结构上。

三、动力及控制设备

附着升降脚手架提升用的动力设备种类很多，在建筑工程中常用的有：手拉葫芦、环链式电动葫芦、液压千斤顶、螺杆升降机、升板机、卷扬机等。由于电动葫芦使用方便、比较省力、容易控制，所以在工程中应用最多。

当动力设备采用电力系统控制时，一般采用电缆将动力设备与控制柜相连，并用控制柜进行动力设备控制；当动力设备采用液压系统控制时，一般采用液压管路、动力设备和液压控制台，然后液压控制台再与液压源相连，并通过液压控制台对动力设备进行控制。总之，动力设备的作用是为架体实现升降提供动力。

四、安全装置

附着升降脚手架的安全装置，是不可缺少的重要组成部分，主要包括导向装置、防坠装置和同步提升控制装置三部分。

（1）导向装置。导向装置实际上也是限位装置，它的作用是非常重要的，主要是保持对架体前后、左右水平方向位移的约束，限制架体只能沿着规定的垂直方向运动，并防止架体在升降过程中出现晃动、倾覆和水平方向错动。

（2）防坠装置。防坠装置是附着升降脚手架中重要的安全装置，它的作用是在动力装置本身的制动装置失效、起重钢丝绳或吊链突然断裂和横吊梁掉落等情况发生时，能在瞬间准确、迅速地锁住架体，防止架体下坠造成伤亡事故的发生。

（3）同步提升控制装置。附着升降脚手架同步提升，才能使其保持水平、应力均衡、确保安全。同步提升控制装置的作用是使架体在升降过程中，能有效控制各提升点保持在同一水平位置上，这样可以防止架体本身与附墙支座的附墙固定螺栓产生次应力和超载而发生伤亡事故。

第二节　附着升降脚手架升降系统的组成

附着升降脚手架升降系统主要由附着支撑结构、升降机构、安全保护装置和电气控制系统组成。

一、附着支撑结构

（一）附着支撑结构的基本要求

（1）附着升降脚手架的附着支撑结构，必须满足附着升降脚手架在各种情况下的支撑、防倾覆和防坠落的承载力要求。

（2）附着支撑结构能使架体附着于建筑物结构上。附着升降脚手架在升降工况下或固定使用工况下，均悬挂在建筑物的外围。附着支撑结构的作用是使架体在任何工况下都能可靠地附着于建筑物结构之上，并将架体的自重和施工荷载直接传至建筑结构上。

附着支撑结构与架体竖向主框架连接，也是出于防倾覆、防坠落安全因素的考虑。因此，附着支撑结构是附着升降脚手架中最重要的组成部分。

（3）必须满足升降和固定使用的需要。附着升降脚手架是一种移动式脚手架，它既能在固定状态下给建筑结构施工提供作业平台和安全围护，也能随着建筑结构的施工上下升降。因此，各种类型的附着升降脚手架均有两套附着支撑结构，一套在架体固定状态下使用，另一套在架体提升状态下使用，两套附着支撑结构均能独立承受架体的荷载。利用两套附着支撑结构交替固定、轮流承载，并使用升降机构实现附着升降脚手架固定使用和升降两种工况的需要。

（4）必须具有良好的调整功能。附着支撑结构应能适应各种不同建筑主体结构类型，并具有对允许范围内施工误差的调整功能，以避免架体结构与附着支撑结构出现过大的安装应力和变形。

（二）附着支撑结构的形式

附着支撑结构的形式有多种，如导轨式、导座式、吊拉式、吊轨式、挑轨式、套框式、吊套式、套轨式等，在实际工程中应用最广泛的结构形式为导轨式、吊拉式和套框式三种，其他形式是由上述三种基本结构形式扩展与组合而成的。

1. 导轨式附着支撑结构

导轨式附着支撑结构由导轨、导轨固定装置及导轮等组成。导轨是一种导向承力构件，一般用槽钢或工字钢制成。有的导轨上面每隔 100mm 冲有一孔，并标有数字，用来确定脚手架在导轨上的具体位置。

导轨沿竖向固定在建筑物结构或架体上，可根据需要沿竖向接长。导轨通过导轨固定装置与建筑物主体结构相连，导轨固定装置包括连墙支杆座、连墙支杆、连墙挂板及穿墙螺栓。导轨式附着支撑结构如图 3-1 所示。连墙支杆是固定导轨的主要构件，通过调整其长度，可调整导轨安装的垂直度，以及架体与建筑物的间距。导轨结构安装如图 3-2 所示。连墙挂板是固定连墙支杆的构件，利用穿墙螺栓固定在建筑物结构上。

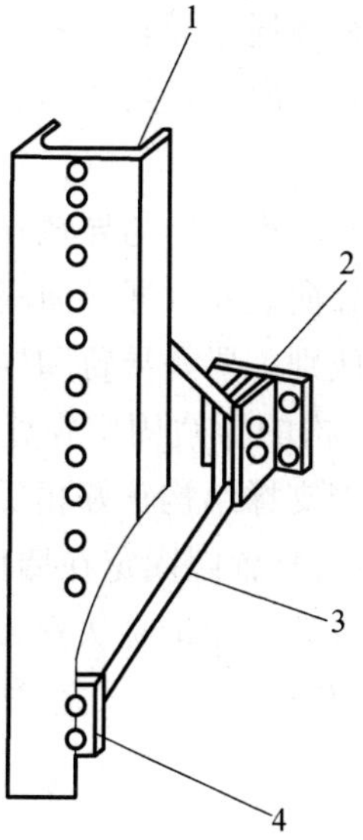

图 3-1　导轨式附着支撑结构

1—升导轨；2—升连墙挂板；

3—升连墙支杆；4—升连墙支杆座

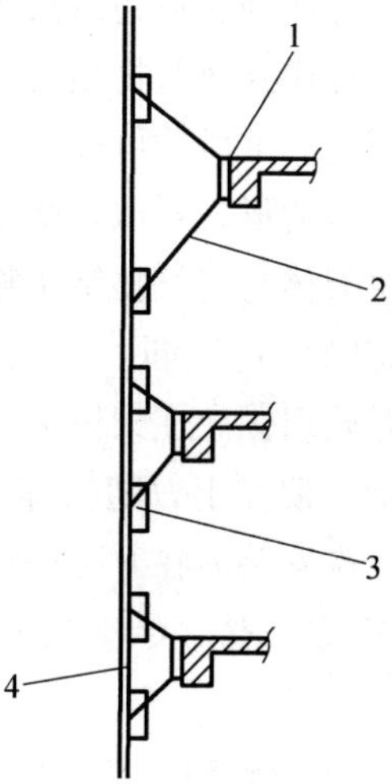

图 3-2　导轨结构安装示意图

1—升连墙挂板；2—升连墙支杆；

3—升连墙支杆座；4—升导轨

当架体处于固定使用工况时，架体竖向主框架通过限位销固定在导轨上，架体承受的荷载通过限位销传递到导轨上，再由连墙支杆和连墙挂板传递到建筑物结构上。当架体处于升降工况时，附着支撑结构增加一套提升挂座，提升挂座固定在导轨上，其上安装升降机构；架体的荷载通过提升挂座，仍然由导轨、连墙支杆和连墙挂板传递到建筑物结构上。导轮在架体升降工况下还起到防倾覆作用。

2. 导座式附着支撑结构

导座式附着支撑结构由导轨、连墙件、导向座、吊挂件和固定销等结构件组成。导轨和架体连接在一起，连墙件将导向座固定在建筑物结构上，吊挂件通过连墙件独立固定在建筑物结构上，提升设备钩挂在吊挂件上。在架体使用工况下，固定销将导轨（即架体）固定在导向座上，架体的荷载通过导轨、固定销和导向座传递到建筑物结构上。在架体升降工况下，架体的重力由吊挂件传递到建筑物结构上。

通过以上所述可以看出，导座式附着支撑结构与导轨式附着支撑结构的形式相似，都是通过导轨与导向装置（即导向座或导轮）将架体与建筑物结构相连。两者的区别主要是导轨和导向装置固定的位置不同，导轨式附着支撑结构的导轨固定在建筑物上，导轮组固定在架体上；而导座式附着支撑结构正好相反，导轨固定在架体上，随架体一起升降，导向装置则固定在墙体上，导轨首次安装后在升降过程中不需要再拆装。无论是从安装还是升降工况来看，导座式附着支撑结构均优于导轨式附着支撑结构。

3. 吊拉式附着支撑结构

吊拉式附着支撑结构由上、下两套附着支撑结构组成，如图3-3所示。下面一套附着支撑结构由承力架、下拉杆（也称承力架拉杆）、耳板座和穿墙螺栓组成；上面一套附着支撑结构由悬挑梁、上拉杆（也称悬挑梁拉杆）、耳板座和穿墙螺栓组成承力架（也称底盘或托盘），是架体的主要承力构件，一般用型钢组焊而成。承力架边框上焊有耳板，可以安装下拉杆及承力架吊杆，耳板座通过穿墙螺栓固定在外墙或框架边梁上。有的吊拉式附着支撑结构安装拉杆不采用耳板座，而是直接将拉杆通过穿墙螺栓固定在墙体上。

当楼层的高度发生改变时，如果不及时将拉杆耳板弯曲的角度进行相应调整，就会使耳板与墙面不贴合，此时可能出现两种情况：一种是在拉杆受力的情况下，因耳板弯曲处刚度较大，穿

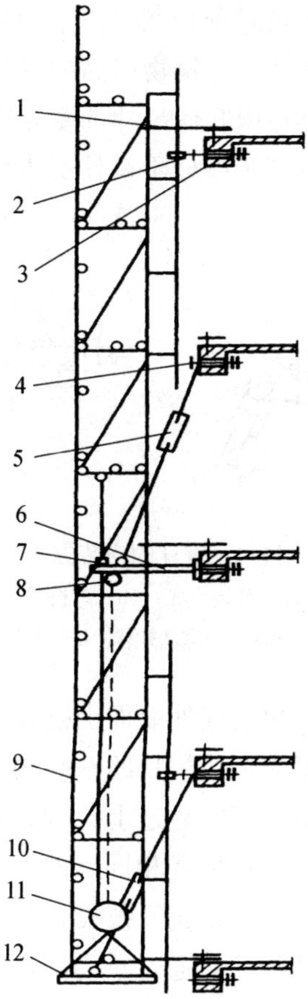

图 3-3　吊拉式附着支撑结构

1—附墙拉结杆；2—防倾覆装置；3—穿墙螺栓；4—耳板座；
5—上拉杆；6—悬挑梁；7—防坠落装置；8—电动葫芦；
9—架体；10—下拉杆；11—荷载传感器；12—承力架

墙螺栓的螺母拧不紧，导致穿墙螺栓的受力与设计荷载不符；另一种是在耳板不受力的情况下螺母能拧紧，耳板面贴墙，但是拉杆的轴线与实际轴线不重合，拉杆和穿墙螺栓产生较大的变形和安装应力。上述出现的两种情况都是不允许的，在实际使用中，耳板弯曲的角度不可能随时进行调整。采用耳板座安装拉杆，可使拉杆与外墙面的夹角随着建筑物层高的变化或架体与墙体距离的变化而自行调整，避免因几何尺寸的变化或施工误差产生的安装应力和变形，保持拉杆始终处于最佳受力状态。拉杆的安装方式如图 3-4 所示。

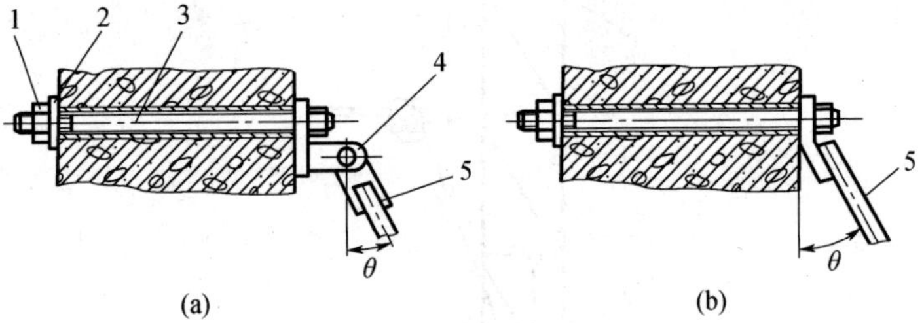

图 3-4　拉杆的安装方式

（a）耳板座式；（b）弯板式

1—螺母；2—垫板；3—穿墙螺栓；4—耳板座；5—拉杆

悬挑梁是从建筑物边梁或外墙面上挑伸出来的承力构件，由型钢制作而成。悬挑梁靠近建筑物的一端用穿墙螺栓固定在外墙或边梁上，另一端焊有耳板，通过上拉杆、耳板座及穿墙螺栓与外墙连接。上下拉杆的结构形式相同，两端为耳板和拉杆，并加工有左（右）旋螺纹，中间是花篮螺栓，可调节拉杆的长度。在固定使用工况下，架体的荷载通过承力架、下拉杆、耳板座及穿墙螺栓传递到建筑物结构上；在升降工况下，下拉杆拆除，架体的荷载由承力架、承力架吊杆、提升机构、悬挑梁、上拉杆、耳板座及穿墙螺栓传递到建筑物结构上

4. 吊轨式附着支撑结构

吊轨式附着支撑结构的形式与吊拉式附着支撑结构基本相同，仍由上、下两套吊拉装置组成，所不同的是其防倾覆装置的导轨安装在吊拉装置上，因此称为吊轨式附着支撑结构。吊轨式附着支撑结构如图 3-5 所示。

5. 挑轨式附着支撑结构

挑轨式附着支撑结构是上、下两套附着悬挑梁（主悬挑梁、副悬挑梁）和导轨组成，挑轨式附着支撑结构如图 3-6 所示。主、副悬挑梁是从建筑物楼面挑伸出来的承力构件，由型钢制作而成，分别安装在不同的楼面，导轨固定在两道悬挑梁之上，架体通过固定装置与导轨连接。

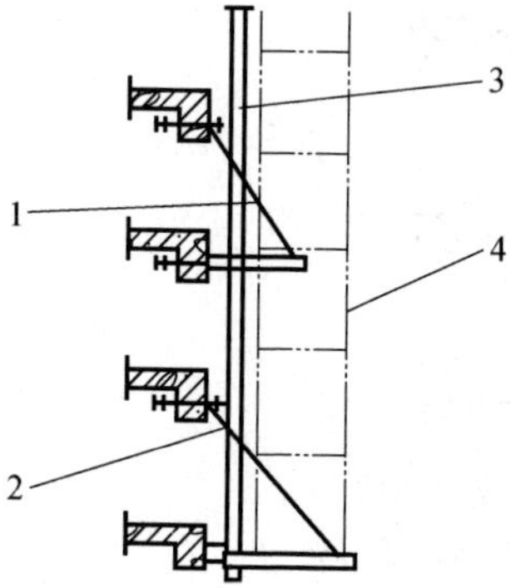

图 3-5　吊轨式附着支撑结构

1—上吊拉装置；2—下吊拉装置；3—导轨；4—架体

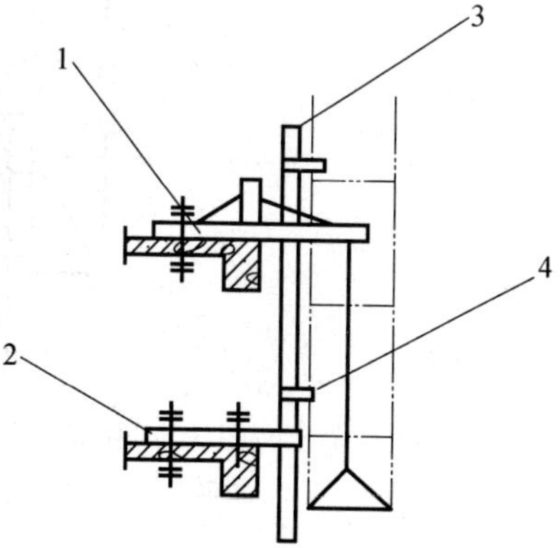

图 3-6　挑轨式附着支撑结构

1—主悬挑梁；2—副悬挑梁；3—导轨；4—固定装置

附着升降脚手架在固定使用工况下，架体荷载通过固定装置与导轨以及副悬挑梁传递至建筑物结构上；架体在升降工况下，副悬挑梁只固定导轨，不承受架体的荷载，架体的荷载通过升降机构由主悬挑梁直接传递至建筑物结构上。挑轨式附着支撑结构与吊拉式附着支撑结构相比，整体结构相对比较简单，但因主、副悬挑梁都是悬挑结构，其结构强度和安装要求较高。

6. 套框式附着支撑结构

套框式附着支撑结构由两套焊接的钢结构（主框架和套框架）组成，如图 3-7 所示。主框架一般用直径为 48mm、壁厚为 3.5mm 的脚手架钢管焊接而成，包括两根竖向导杆和若干根横向连接杆。套框架用直径为60mm、壁厚为5mm的无缝钢管作为立管，套入主框架的竖向导杆，用直径为48mm、壁厚为3.5mm的钢管作为横杆和斜杆。套框架和主框架均备有两个附墙支撑架。

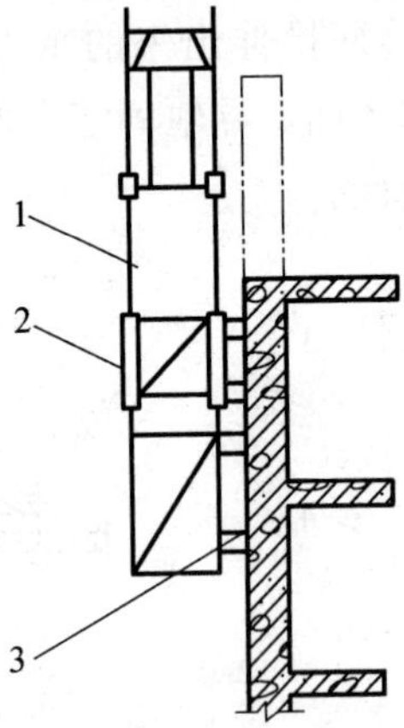

图3-7 套框式附着支撑结构

1—主框架；2—套框架；3—附着支撑架

架体在固定使用工况下，主框架和套框架均固定在建筑物结构上，架体上的荷载通过主框架上的附墙支撑架及穿墙螺栓传递到建筑物结构上。架体在升降工况下，主框架上下移动，套框架固定在建筑物结构上，架体的荷载由升降机构通过套框架上的附墙支撑架及穿墙螺栓传递到建筑物结构上。

7. 吊套式附着支撑结构

吊套式附着支撑结构与套框式附着支撑结构类似，也是由主框架和套框架组成的，所不同的是在两套框架上，分别增加了类似吊拉式附着支撑结构的两套吊拉装置。吊套式附着支撑结构如图3-8所示。

架体在固定使用工况下或升降工况下，架体的荷载不是由两套框架上的附墙支撑架来承受，而是分别由两套吊拉装置和穿墙螺栓直接传递到建筑物结构上。

8. 套轨式附着支撑结构

套轨式附着支撑结构由导轨架体、固定支座和套轨支座以及穿墙螺栓组成。套轨式附着支撑结构如图 3-9 所示。

套轨式附着支撑结构实际上是导座式附着支撑和套框式附着支撑两种结构的组合。

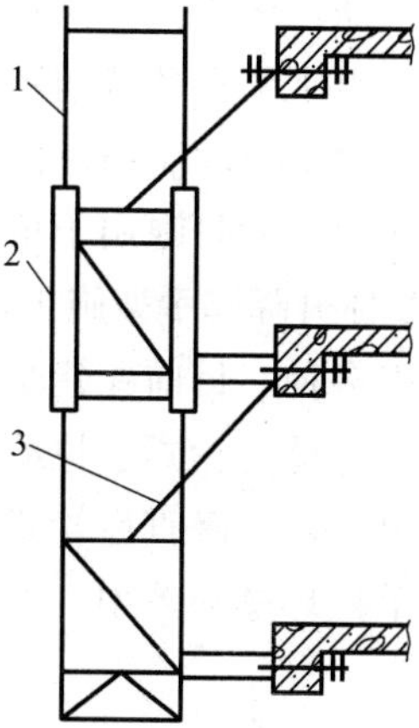

图 3-8　吊套式附着支撑结构
1—主框架；2—套框架；
3—吊拉装置

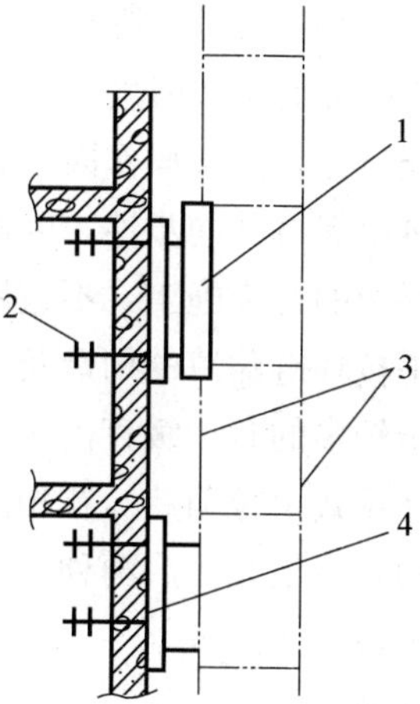

图 3-9　套轨式附着支撑结构
1—套轨支座；2—穿墙螺栓；
3—导轨架体；4—固定支座

二、升降机构

（一）对升降机构的基本要求

（1）附着升降脚手架的升脚机构，应当满足附着升降脚手架使用工作性能的要求。

（2）当架体上升降吊点（或机位）超过两点时，不得使用手拉环链葫芦。

（二）升降机构分类及形式

附着升降脚手架的升降机构，主要有手拉环链葫芦、电动葫芦、电动卷扬机和液压提升设备四种形式。

1. 手拉环链葫芦

手拉环链葫芦是一种以焊接环链为挠性承重件的手动起重机具，因其具有易于操作、使用方便、价格便宜等特点，在起重行业沿用多年。在建筑工程中一般采用5～10t的手拉环链葫芦作为附着升降脚手架的升降机构。因手拉环链葫芦采用人工操作，当其出现故障时可及时发现、排除或更换。由于手拉环链葫芦的机械性能较差，人工操作因素影响较大，多台手拉环链葫芦同时工作时难以保持其同步性，因此手拉环链葫芦一般只限用于单跨升降脚手架的升降施工，不适用于多跨或整体升降脚手架施工。

手拉环链葫芦的构造及传动形式有很多种，目前在建筑工程中使用较多的有二级直齿轮式手拉葫芦、行星齿轮式手拉葫芦和摆线针轮式手拉葫芦。在相同速比的情况下，二级直齿轮式手拉葫芦的制造工艺比后两种简单，因此在手拉环链葫芦中，这种葫芦应用最广泛。

2. 电动葫芦

电动葫芦是在手拉环链葫芦的基础上改进而成的，即拆除手拉环链葫芦的手拉链轮和手拉链条等零部件，增加电动机和减速器后改装制成的电动起重机具。电动葫芦运行平稳，制动灵敏可靠，升降速度一般为0.08～0.15m/min，可实现群机同时使用时的电控操作，安装和使用非常方便，使用范围比较广泛。因电动葫芦的改装设计仍以手拉环链葫芦为基础，所以仍存在着手拉环链相同的缺陷，如铰链、翻链、断链和断轴等，需要在使用中引起高度重视，加强检查和维修工作。

3. 电动卷扬机

电动卷扬机的特点是采用钢丝绳提升，结构简单，架体每次升降的高度较大，升降速度也较快。电动卷扬机一般采用直齿轮或斜齿轮传动减速器，因其体积和质量较大，安装位置不易布置，在附着升降脚手架中应用较少。

有的升降机构将采用电动葫芦式卷扬机，卷扬机安装在吊拉式附着升降脚手架的悬挑梁架上。该升降机构由上拉杆、电动葫芦式卷扬机、悬挑梁架、滑轮组组成，悬挑梁架由型钢焊接而成，电动葫芦式卷扬机的功率为0.5～0.75kW，滑轮组由四套定滑轮和动滑轮组成，升降速度为0.05～0.75m/min。

有的升降机构将采用高速比的行星齿轮式减速器放入卷筒内的钢丝绳卷扬机，并将卷扬机安装在吊拉式附着升降脚手架竖向主框架的底部。卷扬机随着架体一起升降，移动悬挑梁时，只需要放松或收紧钢丝绳即可。这种电动卷扬机解决了齿轮传动卷扬机体积较大、笨重和安装、操作不方便等问题，卷扬机一次性安装后随架体升降，避免了每次提升后反复安装，提高了工作效率，降低了操作工人的劳动强度。

4. 液压提升设备

液压提升设备的特点是架体升降相对平稳，安全可靠，整体升降同步性能较好，但受到液压油缸行程的限制，架体无法连续升降，每层升降的时间较长，而且液压提升设备比较复杂，安装精度和维护技术水平要求高，一次性投资后维修成本也比较高。

液压提升设备有两种形式：一种用于吊拉式附着升降脚手架，由动力系统和提升机构两部分组成。动力系统有液压控制台、各种管路和阀门；提升机构使用的是穿心式液压千斤顶和节状支撑杆，穿心式液压千斤顶安装在架体底部的每个机位处的承力架（底盘）上，节状支撑杆的上部固定在悬挑梁上，下部穿过液压千斤顶。穿心式液压千斤顶安装如图3-10所示。

另一种形式的液压提升设备主要用于导轨式附着升降脚手架，仍由动力系统和提升机构两部分组成。液压动力系统与前一种提升设备相同，由液压控制台、各种管路和阀门组成；提升机构参考塔式起重机液压顶升装置，采用的是可移装的液压千斤顶，主要由液压油缸和活塞杆组成。

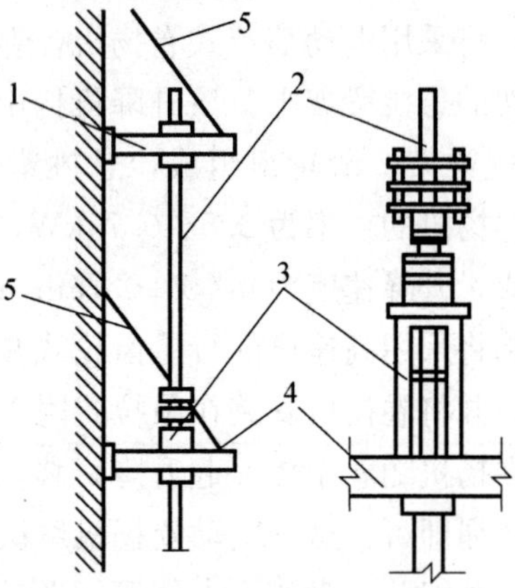

图 3-10　穿心式液压千斤顶安装图

1—悬挑梁；2—节状支撑杆；3—穿心式液压千斤顶；

4—底盘；5—上、下拉杆

三、安全保护装置

附着升降脚手架的附着支撑结构，必须满足附着升降脚手架在各种情况下的支承、防倾覆和防坠落的承载力要求。工程实践证明，附着升降脚手架应具有安全可靠的防倾覆、防坠落装置和架体同步升降及荷载监控系统等安全保护装置。

（一）防倾覆装置

附着升降脚手架的防倾覆装置是必不可少的安全保护装置，其作用是防止脚手架的架体在升降和使用过程中发生倾覆，并控制架体与建筑物外墙面之间的距离保持不变。

1. 防倾覆装置的工作原理

附着升降脚手架是一种移动式的脚手架，在移动的过程中受到若干固定点的水平约束，使架体只能沿着固定点进行上下运动，架体的水平荷载由这些固定点传递到建筑结构上。这些固定点及沿固定点运动的部件，形成了附着升降脚手架的防倾覆装置。

2. 架体产生倾覆的主要原因

（1）工程实践证明，架体在升降和使用过程中处于高空悬空状态，由风荷载产生的水平力是使架体倾覆的重要原因。

（2）在架体升降和使用过程中，架体上施工荷载不均匀且位置在不断变化，从而造成架体重心向里或向外偏移，使架体产生向里或向外倾覆的趋势。

（3）在脚手架提升的工况下，提升吊点的位置与架体重心不重合，产生较大的偏心力矩；架体重心在提升吊点之上，会使升降过程中的架体处于不稳定状态。

（4）架体机位平面布置不当，可造成整个架体重心偏移，如多个机位连成整片后，整个架体重心位置取决于建筑物外形变化以及提升吊点的位置。如图 3-11 所示，架体重心向外偏移，易造成该段架体向外倾覆；图 3-11（b）所示的架体重心向内偏移，易造成该段架体向里倾覆。

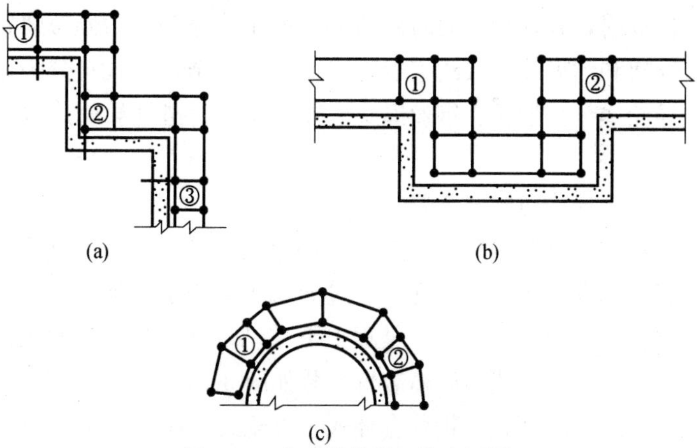

图 3-11 非直线状况架体布置图

（a）凸折线布置；（b）凹折线布置；（c）曲线布置；

①、②、③为提升吊点的位置

3. 防倾覆装置的基本要求

（1）附着升降脚手架在升降和使用工况下，防倾覆装置均能形成可靠的水平约束。

（2）附着升降脚手架的防倾覆装置，必须与架体竖向主框架、附着支撑结构或建筑工程结构可靠连接。

（3）附着升降脚手架的防倾覆装置，应采用螺栓与竖向主框架或附着支撑结构连接，不得采用钢管扣件或碗扣方式连接。

（4）在脚手架的升降和使用工况下，位于同一竖向平面的防倾覆装置不得少于两处，并且其最上和最下一个防倾覆支撑点之间的最小距离，不得小于架体全高的1/3。

（5）附着升降脚手架的防倾覆装置，其导向间隙应小于5mm。

（6）在附着升降脚手架的升降过程中，应能保持架体垂直上下运动，同时也不能发生碰擦其他结构件的现象。

4. 防倾覆装置的分类方法

根据附着升降脚手架防倾覆装置的工作原理，防倾覆装置主要由导轨和约束装置（约束点）组成，按其结构形式可分为套环式、导轮式、套框式、钢丝绳式、导向轮式、滑杆导轨式等几种类型。

（1）套环式防倾覆装置

套环式防倾覆装置由导轨和套环组成，导轨为圆形钢管或矩形钢管，钢管两头有安装孔，通过导轨支座固定在架体竖向主框架的立杆上；套环可在导轨全程上下移动，并用穿墙螺栓固定在外墙结构上，套环式防倾覆装置安装如图3-12所示。套环有多种形式，如钢筋套环式、钢管套环式、滚轮式、双导轨式等。

图3-13（a）所示的套环采用粗钢筋弯曲后焊接在底板上，底板开有长槽孔，便于安装穿墙螺栓。这种套环结构简单，制作方便，主要用于圆形钢管导轨。因钢筋的刚度较差，套环离开外

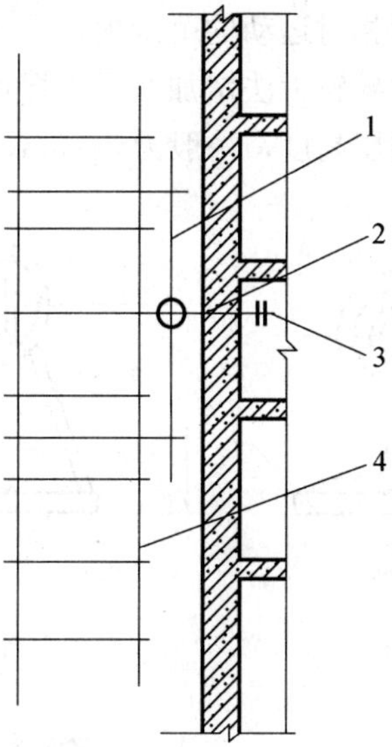

图 3-12　套环式防倾覆装置安装

1—导轨；2—套环；3—穿墙螺栓；4—架体

墙的距离 h 不宜过大，否则受力后易变形。

图 3-13（b）所示的套环主要用于矩形管导轨。套环的前端采用内径大于矩形管截面对角线 5mm 的钢管，壁管 8mm 左右，钢管的长度一般为 60～80mm；钢管的两侧通过加强板与底板焊接，底板同样开有长槽孔。由于钢管有一定的高度并设有加强板，因此钢管式套环的刚度比钢筋式套环要大，但在与导轨的相对运动过程中的摩擦阻力较大。

图 3-13（c）所示的套环采用双滚轮从两边夹住导轨，导轨为圆形钢管。这种结构中滚轮与导轨的摩擦阻力要小于上述两种套环形式，而且滚轮可以装拆，安装非常方便，但滚轮结构的加工制作及使用的保养、维修比前两种形式的要求都高。

工程实践证明，上述三种防倾覆装置都存在导轨刚度较差、受约束点的水平力后变形较大的问题。由于套环包绕在导轨的周围上下运动，在两者相对运动的范围内，不允许导轨表面有阻碍运动的障碍物，因此导轨无法增加水平支撑点。套环与导轨相对运动的范围是一层楼层高度，一般为 3～5m。

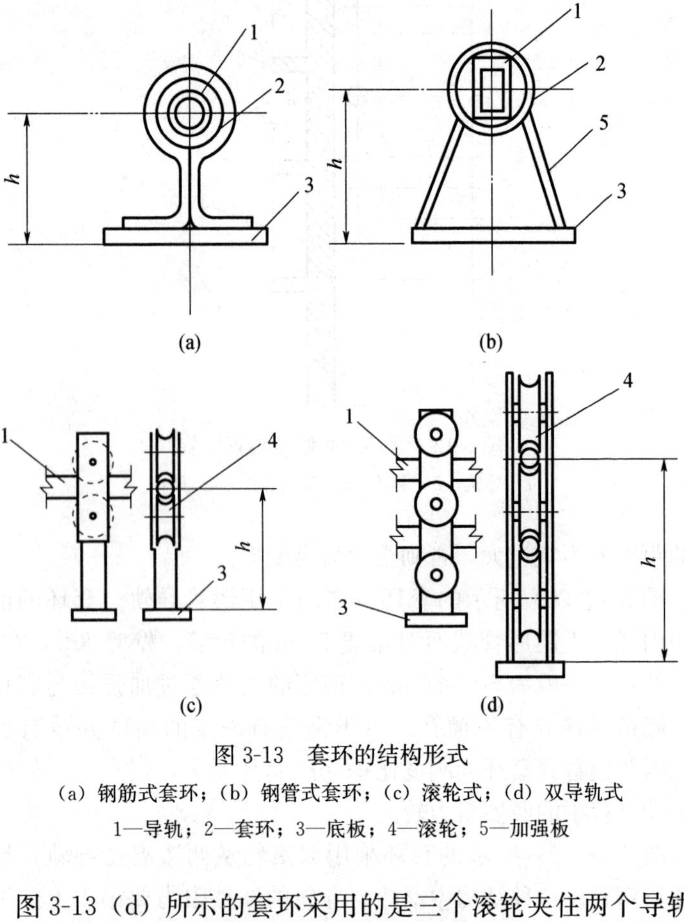

图 3-13 套环的结构形式

（a）钢筋式套环；（b）钢管式套环；（c）滚轮式；（d）双导轨式

1—导轨；2—套环；3—底板；4—滚轮；5—加强板

图 3-13（d）所示的套环采用的是三个滚轮夹住两个导轨的形式。双导轨可以增加脚手架防倾覆装置的刚度，但结构的体积和质量也随之增加，同时也加大了装拆的难度。

（2）导轮式防倾覆装置

导轮式防倾覆装置主要由导轮、导轨支架及导轨组成，导轨和导轮有多种形式。

图 3-14（a）所示的导轮支架使用穿墙螺栓固定在建筑物外围梁或剪力墙上，导轮用螺栓与导轮支架连接，两者可在一定的范围内前后、左右移动，以调节导轨与外墙之间的距离，且可消除因穿墙螺栓预埋孔位置不准而产生的安装应力。导轨由工字钢制成，用多道 U 形螺栓固定在架体竖向主框架的立柱上。架体升降时，导轮固定不动，导轨随着架体一起运动，导轨嵌入工字形导轨两侧，限制导轨（即架体）只能沿着导轮上下运动，这样可防止架体倾覆和偏斜。

图 3-14（b）所示的导轨由槽钢组成，通过连墙支座和连墙挂板固定在建筑物墙体上，导轮支架为凹形抓钩结构，安装在架体竖向主框架的立杆上，导轮安装在导轮支架的里口，从两侧夹住导轨。在架体升降时，导轨固定在墙体上不动，导轮支架（即架体）受到导轨的水平约束，只能沿着导轨上下运动。该装置在使用过程中，对导轨的安装精度要求高，导轨固定在墙体上，质量较大，移层安装困难。

图 3-14（c）所示的导轨由两根竖向钢管和多根水平连接杆与架体竖向主框架固定连接在一起，其断面呈 T 字形。穿墙螺栓将导轮支架固定在建筑结构上，导轮支架中设有四个导轮组成导向套，组装时将导轨的双钢管穿入导向套中，从而形成滑套连接。在架体升降过程中，导轮支架固定不动，和架体连成一体的导轨沿着导轮上下运动。由于导轨采用了双钢管，并且有多道水平连接杆与架体连接，导轨的刚度较大，导轨受力后变形很小，但整个装置的结构比较复杂，制作安装的要求比较高。

图 3-14（d）所示的导轨采用槽钢加封板的形式，导轨通过支架与架体竖向主框架连接，导轮支架通过穿墙螺栓固定在建筑结构上；导轮从两面夹住导轨，限制导轨（即架体）只能上下运动，起到较好的防倾覆作用。脚手架在升降时，导轮支架固定，

导轨随着架体上下运动。

图 3-14（e）所示的两个导轮分别安装在悬挑梁的两侧，架体竖向主框架的内侧安装两根钢管导轨。架体升降时，导轮固定在悬挑梁上不动，导轨随着架体一起上下运动。在导轮的限制下，架体只能上下运动，不能侧向位移，这样可起到防止架体倾覆的作用。

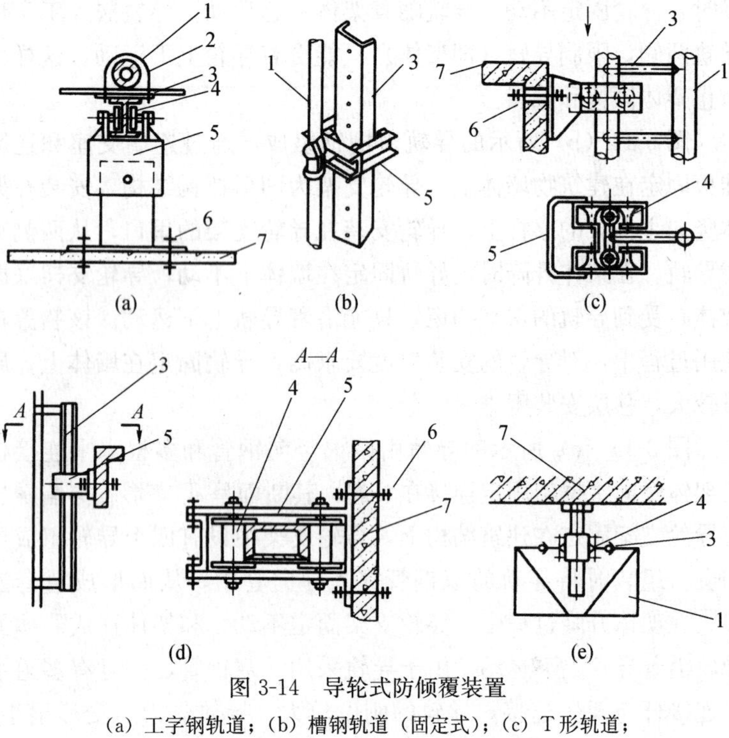

图 3-14　导轮式防倾覆装置

（a）工字钢轨道；（b）槽钢轨道（固定式）；（c）T 形轨道；

（d）槽钢轨道（移动式）；（e）双钢管轨道

1—竖向主框架；2—U 形螺栓；3—导轨；4—导轮；5—导轮支架；

6—穿墙螺栓；7—建筑物

（3）套框式防倾覆装置

套框式防倾覆装置是套框式附着升降脚手架的附着装置，同时也是架体的防倾覆装置。在架体升降时，套框架通过附墙支撑架固定在墙体上，主框架（即架体）必须沿着套框架上下运动，这样保证了架体在升降过程中不会向里或向外倾斜。由于受到结构的限制，套框架上两个附墙支撑架的间距较小，架体升降过程中的稳定性较差；主框架与套框架（即导轨与约束点）相对运动的范围内不得用斜杆加固，因此导轨的长度受到限制；另外，主框架与套框架相对运动时的摩擦阻力较大。

（4）钢丝绳式防倾覆装置

钢丝绳式防倾覆装置主要由钢丝绳和限位轮组成，如图 3-15 所示。图中的 ACB 为定尺长的钢丝绳，绳长长于一层楼的高度。如图 3-15（a）所示，钢丝绳两端固定在脚手架的架体上，限位轮固定在建筑物结构上；如图 3-15（b）所示，钢丝绳两端固定在建筑物结构上，限位轮固定在架体上。在架体升降时，钢丝绳（即架体）受到限位轮的约束不能向外倾斜，但钢丝绳是柔性约束，无法防止架体向内倾斜，而且限位轮相对于钢丝绳两端点的运动轨迹为椭圆形，架体升降不能保持垂直上下运动。由于钢丝绳式防倾覆装置存在以上明显缺点，尤其是防倾覆效果较差，所以在实际工程中已很少应用。

（5）导向轮式防倾覆装置

导向轮式防倾覆装置是在架体的底部和上部安装导向轮，架体升降时导向轮沿墙面进行滚动，如图 3-16 所示。导向轮式防倾覆装置结构简单，安装和使用方便，但只能防止架体向里倾覆，无法防止架体向外倾覆。当建筑物外立面为非连续平面时，导向轮无法正常使用；当架体下降施工时，完成装饰的外墙面也不允许滚轮碾压。因此，导向轮式防倾覆装置使用的范围很窄。

（6）滑杆导轨式防倾覆装置

滑杆导轨式防倾覆装置主要由滑杆和滑道（导轨）组成，如图 3-17 所示，导轨由多节滑道组装而成。每节滑道采用两根直径

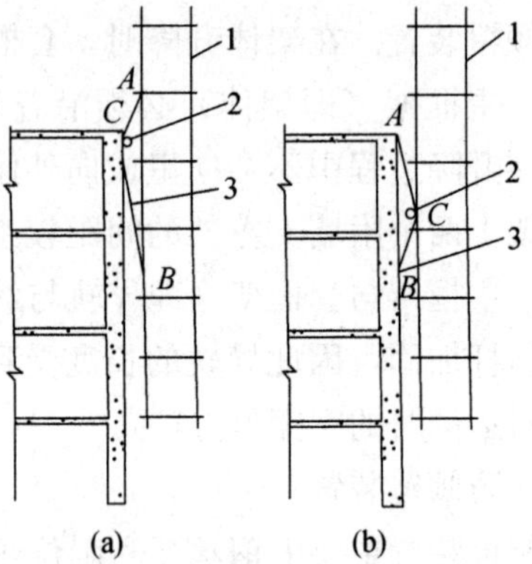

图 3-15　钢丝绳式防倾覆装置

（a）限位轮固定；（b）钢丝绳固定

1—架体；2—限位轮；3—钢丝绳

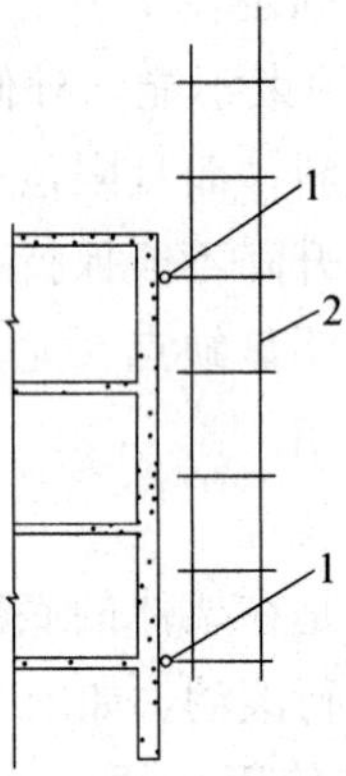

图 3-16　导向轮式防倾覆装置

1—导向轮；2—架体

为 48mm、壁厚为 3.5mm 的脚手架钢管通过两个支撑架焊接成整体，且用 U 形螺栓将滑道固定在架体竖向主框架的立杆上。滑道的一端焊有接头管，可插入另一节滑道的端部，使滑道的接头处连接平滑，便于滑杆通过。滑道可以根据楼层高低变化任意接长，组装成连续的导轨。滑杆也是采用直径为48mm、壁厚为3.5mm的脚手架钢管拼焊而成，其端部呈“干”字形，可在滑道的支撑架和双钢管中自由移动，滑杆的根部焊有底板并加工有长孔，通过穿墙螺栓将滑杆固定在外墙体上。在架体升降时，多节滑道组成的导轨随架体一起上下运动，受到滑杆在四个方向的约束，架体只能进行垂直升降。滑杆与导轨间为点接触，摩擦阻力比较小。

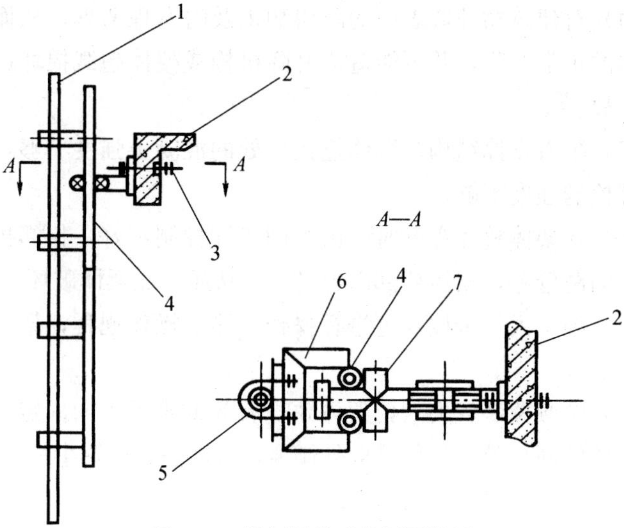

图3-17　滑杆导轨式防倾覆装置

1—架体竖向主框架；2—建筑物；3—穿墙螺栓；4—滑道（导轮）；5—U形螺栓；6—支撑架；7—滑杆

滑杆导轨式防倾覆装置制作容易，无需维修保养，滑道安装在架体上，随架体一起运动，从而避免了施工过程中转移滑道，安装使用非常方便，是一种使用效果比较好的防倾覆装置。

（二）防坠落装置

防坠落装置也是附着升降脚手架中重要的组成构件，是脚手架在升降或使用过程中发生意外坠落时的制动装置。

1. 产生坠落事故的主要原因

（1）架体在升降过程中，升降机构的制动装置失灵；链条、钢丝绳断裂；吊钩断裂；液压装置油管爆裂，控制失效。

（2）架体在升降过程中，升降机构的固定点和提升点处钢结构破坏，架体变形失稳，同时波及其他提升点，形成连锁反应。

（3）在架体发生意外时，防坠落装置未能及时起到闭锁作用。

（4）对建筑物外墙表面的障碍物未及时发现清理，从而阻碍了架体的正常升降，并可能造成升降机构或架体超载损坏，引发坠落事故。

（5）附着支撑结构与墙体连接点处的混凝土强度不够，或者穿墙螺栓的强度不够。

（6）在架体整体提升时，由于同步性控制不好，相邻机位产生过大的高低差，架体局部内力过大，从而造成架体破坏。

（7）施工人员未按规定进行操作，违反操作规程，架体荷载超重。

（8）防倾覆装置失效，架体缺少有效的水平方向固定，尤其是在架体的断口处，架体易向外倾覆，继而引发坠落事故。

2. 防坠落装置的基本要求

（1）应具有足够的强度和刚度，其结构设计安全系数不得小于 2，能承受架体坠落时产生的冲击荷载。

（2）制动灵敏，安全可靠。从架体发生坠落、防坠落装置动作到架体被制动停住时，架体下落的距离称为坠落距离。坠落距离应不超过架体承受最大冲击力时的变形量，一般应不超过80mm。在架体坠落时，防坠落装置应具有足够的制动力，将架体牢固制动。

（3）防坠落装置应设置在架体竖向主框架部位，而且每一个竖向主框架提升设备处必须设置一个防坠落装置。

（4）防坠落装置与提升机构应分别设置在两套附着支撑结构上，如果一套失效，另一套必须能独立承担全部坠落荷载。

（5）防坠落装置应有专门详细的检查方法和管理措施，以确保在施工过程中工作可靠。

3. 防坠落装置的结构形式

附着升降脚手架的防坠落装置主要有楔块套管式触发型、钢丝绳式触发型、楔钳式、摩擦式、限位式、偏心凸轮式、楔块套管式、摆针式等结构形式。

（1）楔块套管式触发型防坠落装置

楔块套管式触发型防坠落装置适用于吊拉式附着升降脚手架，主要由活动夹块、上下弹簧、自调节头、挂杆和防坠吊杆等部件组成。底座安装在提升挑梁的端部（固定不动）。防坠吊杆从防坠器中穿过，上端吊挂在架体上；下端有耳板，通过销轴与承力架（底盘）连接。自调节头的下端是球形结构，可在底座内偏转一定的角度，这样可以避免防坠吊杆与底座不垂直而产生阻力。

架体升降时，挂钩钩住挂杆，压缩上弹簧，分成四块的活动楔块被下弹簧顶起向上并松开，在楔块与防坠吊杆之间产生空隙，防坠吊杆可自由地随架体一起升降，如图 3-18（a）所示。在起重链条或吊钩断裂瞬间，产生的向上的回弹力通过提升挑梁传到防坠器上，促使挂钩立即脱开挂杆，上弹簧复位，向下挤压活动楔块并夹紧防坠吊杆，制止防坠吊杆下移，如图 3-18（b）所示。活动楔块表面有齿槽，在上套内楔面的作用下越夹越紧，可以有效地避免脚手架坠落。

（2）钢丝绳式触发型防坠落装置

钢丝绳式触发型防坠落装置主要由防坠器、防坠钢丝绳、重锤和传感钢丝绳几部分组成，如图 3-19 所示。其中防坠器主要由活动楔块、滑轮、杠杆和弹簧等组成。防坠器固定在墙体上，防坠钢

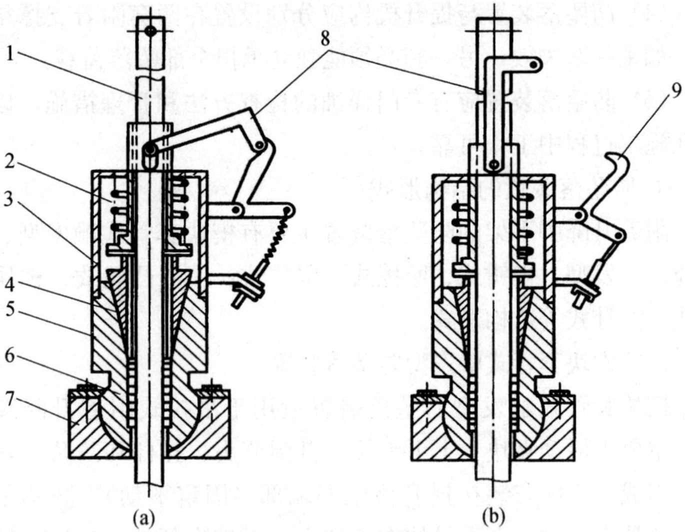

图 3-18　楔块套管式触发型防坠落装置

1—防坠吊杆；2—上弹簧；3—上套；4—活动楔块；5—自调节头；6—下弹簧；7—底座；8—挂杆；9—挂钩

丝绳的一端与底盘连接；另一端绕过防坠器内的滑轮，穿过一对活动楔块，末端连接重锤，以便使防坠钢丝绳保持垂直的张紧状态。

传感钢丝绳一端呈套环状，套入提升机具上部的挂钩；其另一端绕过辊道，末端用绳夹紧固。传感钢丝绳中部串有开式螺旋扣，可张紧传感钢丝绳，以获得足够的初始绳触发力。当坠落事故发生时，吊重力突然消失，弹簧恢复力立即获得释放，传感钢丝绳向下拉动，通过杠杆的作用，使两个半圆弧楔块压向防坠钢丝绳，将其箍紧，这时架体的荷载通过防坠钢丝绳以及防坠器传到建筑物上。

工程实践证明，钢丝绳式触发型防坠落装置不但能在升降机构失效的情况下起作用，而且当附着装置（如上拉杆、悬挑梁等）出现断裂时，同样能防止架体的坠落。

钢丝绳式触发型防坠落装置属于柔性安全器，所使用的承力

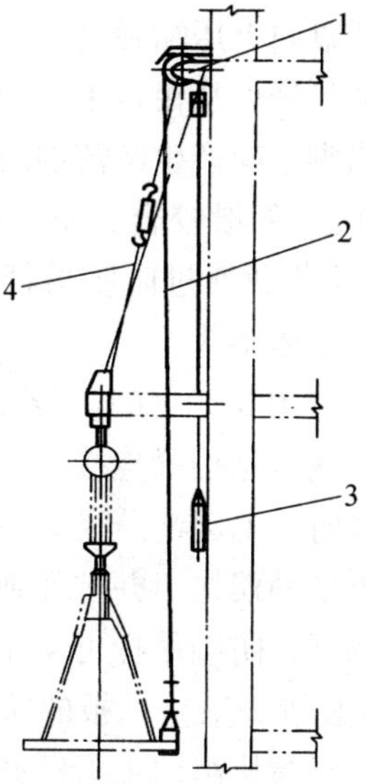

图 3-19　钢丝绳式触发型防坠落装置

1—防坠器；2—防坠钢丝绳；3—重锤；4—传感钢丝绳

件是柔性钢丝绳。与刚性承力件（如槽钢、圆钢等）相比，钢丝绳硬度大、摩擦系数小而不易咬合，钢丝绳受拉时延伸量大，径向受力时易压扁。因此架体坠落时坠落量较大，且做坠落试验时钢丝绳被反复压扁，损坏比较严重。

（3）楔钳式防坠落装置

楔钳式防坠落装置是一种机位荷载监视装置，主要用于吊拉式附着整体升降脚手架。其工作原理是利用起升荷载的重力与弹簧的平衡，使安全器处于“开启”的平衡状态，一旦平衡被破坏，则立即可转换为“制动”状态，从而制止架体的坠落。楔钳式防坠落装置按其安装方式不同，可分为上置式和下置式两种。

上置式防坠落装置［图 3-20（a）］安装在悬挑梁的端部，主要由楔块组、托盘、弹簧、压杆和防坠吊杆组成，防坠吊杆的上端从楔块组中穿过后固定在架体上。脚手架正常升降时，电动葫芦承力，经压杆推动托盘向上压缩弹簧，楔块组沿锥面同时向上滑动，钳口张开，防坠吊杆可从钳口中自由穿行，此时防坠落装置呈“开启”状态；当脚手架产生坠落的瞬间，电动葫芦承力骤减，弹簧压力推动楔块组下滑咬合防坠吊杆，防坠落装置进入“制动”状态，脚手架的荷载通过防坠吊杆、防坠落装置传递到建筑结构上，从而避免架体坠落。

下置式防坠落装置［图 3-20（b)］安装在承力架（底盘）的拉杆上，防坠吊杆的上端与悬挑梁连接，下端从防坠落装置楔块组中穿过。脚手架升降时，电动葫芦受力后向上拉动吊板，压杆的根部抬起，前端向下推动楔块组并拉伸弹簧，楔块组沿着锥面向下滑动，同时钳口张开，防坠吊杆可从钳口中穿行，安全锁呈“开启”状态；当提升装置失效，吊板的拉力消失，弹簧收缩且拉动托盘向上，同时推动楔块组向上滑动并咬合防坠杆，防坠落装置进入“制动”状态，此时脚手架的重力通过防坠落装置传递到建筑结构上。

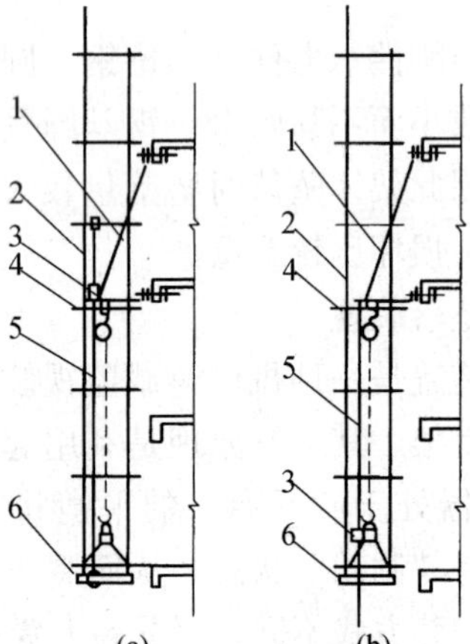

图 3-20　楔钳式防坠落装置

1—上拉杆；2—架体；3—安全装置；4—提升挑梁；
5—防坠吊杆；6—承力架（底盘）

以上两种楔钳式防坠落装置的主要区别在于，上置式防坠落装置在架体提升时固定在悬挑梁上不动，防坠吊杆随着架体上下运动；下置式防坠落装置在架体提升时随架体上下运动，而防坠吊杆则固定在悬挑梁上不动。

（4）摩擦式防坠落装置

摩擦式防坠落装置是利用相对运动物体在小于摩擦角的斜面上，摩擦力大于下滑力的原理达到制动的。该防坠落装置适用于导轨式附着升降脚手架，主要由传感机构、制动装置、导轨和三角楔块（或摩擦轮）组成，如图 3-21 所示。

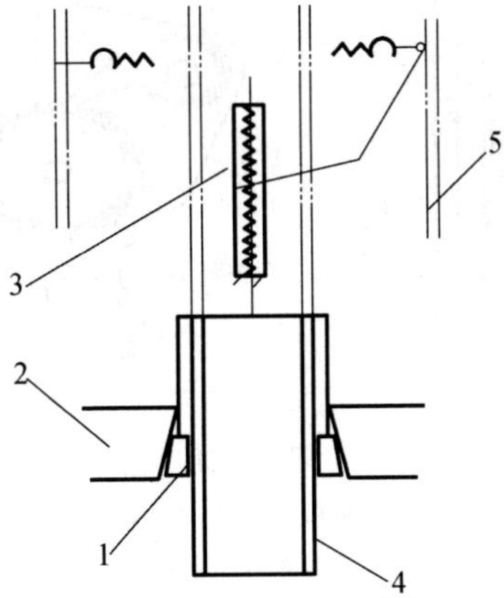

图 3-21 摩擦式防坠落装置

1—楔块组；2—制动装置；3—传感机构；4—导轨；5—架体

传感机构安装在升降机构与防坠落装置之间，制动装置安装在架体上，导轨从制动装置中穿过。当架体升降时，制动装置处于“开启”状态；当升降机构失效时，传感机构开始工作，使三角楔块向上运动，制动装置通过楔块组和导轨锁紧，防坠落装置进入“制动”状态，架体的荷载通过导轨直接传递到建筑结构上。

（5）限位式防坠落装置

限位式防坠落装置由棘轮、棘爪、传动链条和配重等结构件组成，如图 3-22 所示。棘轮棘爪机构用穿墙螺栓固定在墙体上，传动链条的一端固定在架体上，另一端悬挂配重。架体提升时，固定在架体上的链条随着架体一起提升，配重随之下降，在配重的作用下棘轮顺时针转动，使链条始终处于张紧状态。一旦升降机构出现意外，架体出现坠落时，棘爪卡住棘轮，从而防止架体坠落，此时架体的荷载通过棘轮棘爪机构传到建筑物上。由于棘轮棘爪机构是单向制动装置，因此限位式防坠落装置只能在架体提升时起到防坠落作用，架体下降时则不能起到防坠落作用。

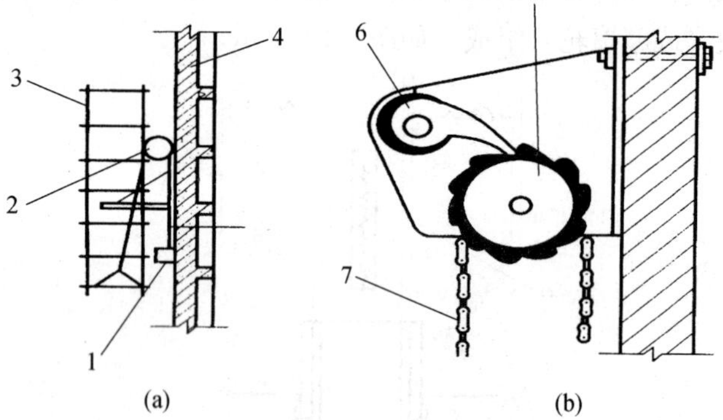

图 3-22　限位式防坠落装置

（a）安装位置；（b）制动状态

1—配重；2—棘轮棘爪机构；3—架体；

4—建筑物；5—棘轮；6—棘爪；7—链条

（6）偏心凸轮式防坠落装置

偏心凸轮式防坠落装置主要适用于导轨式附着升降脚手架，由传感控制器、偏心凸轮和导轨等部件组成，如图 3-23 所示。传感器可“称出”架体的质量，其作用是提供脚手架的受力信号。架体在升降过程中，偏心凸轮与导轨之间处于“开启”状态，架体上下运动不受影响。一旦架体某部位超载或升降机构失效后架体突然下降，产生失重现象，此时传感控制器能“称出”架体的超重和失重，立即驱使双偏心凸轮转动，将导轨夹紧；同时传感控制器向中央控制台发出报警信号，由中央控制台停止架体的升降，此时架体的荷载由导轨直接传至建筑结构上。

（7）楔块套管式防坠落装置

楔块套管式防坠落装置由两块半圆形楔块、套管、防坠吊杆以及传感装置组成，如图 3-24 所示。其中套管安装在附着支撑上固定不动，防坠吊杆随着架体运动，楔块通过传感装置与升降机构连接。在架体正常升降时，楔块远离防坠吊杆，处于“开启”状态，不会产生自锁现象；一旦出现故障，传感装置带动楔块向下运动，将防坠吊杆与套管锁住，使架体停止坠落。

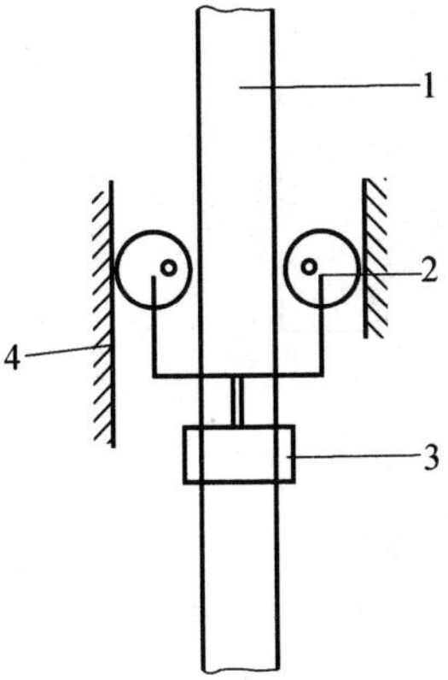

图 3-23　偏心凸轮式防坠落装置

1—导轨；2—偏心凸轮；
3—传感控制器；4—架体

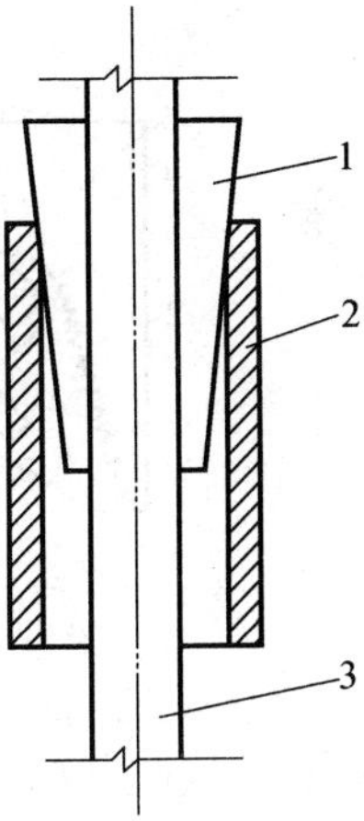

图 3-24　楔块套管式防坠落装置

1—楔块；2—套管；3—防坠吊杆

（8）摆针式防坠落装置

摆针式防坠落装置由支座、摆针和导轨等部件组成，如图 3-25 所示。支座上焊有挡块；摆针呈凹形，分上、下齿，通过销轴与支座连接，并装有拉力弹簧；导轨上等距离焊有挡管。支座安装在提升挑梁或墙体上，导轨随架体一起升降。

当架体提升时，导轨上的挡管不断推动摆针逆时针转动，防坠落装置不会影响架体的正常提升，如图 3-26（a）所示。当架体下降时，挡管挤压摆针的下齿，摆针顺时针转动，如图 3-26（b）所示。挡管通过后，由于架体的下降速度较慢，且两个相邻挡管之间的距离 H 大于上下齿的距离 h（图 3-25）。因此在下一个挡管落下来之前，摆针在拉力弹簧的作用下迅速恢复到平衡状态，如图 3-26（c）所示，架体可以正常下降。当架体快速坠落时，摆针复位的速度滞后于架体下落速度，上齿挡住了挡管的下落，架体即停止了坠落，如图 3-26（d）所示。

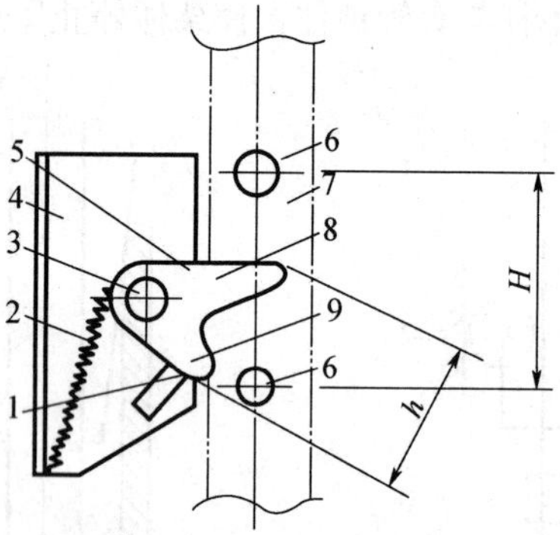

图 3-25　摆针式防坠落装置

1—挡块；2—拉力弹簧；3—销轴；4—支座；5—摆针；6—挡管；7—导轨；8—上齿；9—下齿

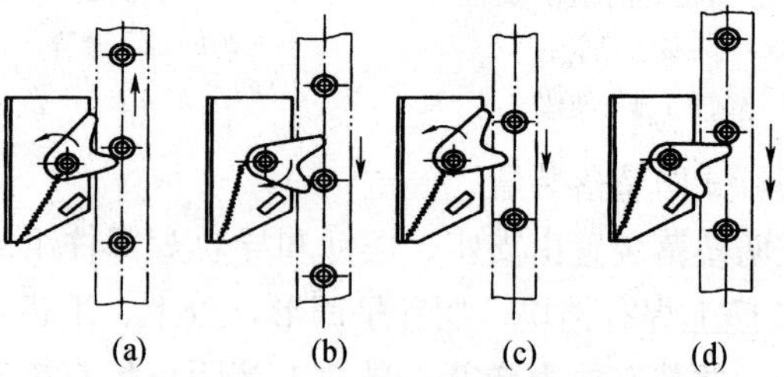

图 3-26　摆针式防坠落装置工作原理

（a）上升；（b）匀速下降过下齿；（c）匀速下降过上齿；（d）快速坠落、上齿阻挡

摆针式防坠落装置在架体坠落时不能立即制动，需要下落一定的距离才能起作用，属于硬性阻击坠落。当架体荷载很大时，产生的冲击力较大，容易造成限位装置损坏。

（三）升降及荷载监控系统

1. 架体同步升降及荷载监控系统的主要作用

（1）使用架体同步升降及荷载监控系统，可以防止机位升降不同步。由于整体升降脚手架是一个巨大的桁架结构，架体的刚度比较大，各机位之间很小的升降差就会对各个机位的荷载影响很大。在架体的升降过程中，各台提升机构的荷载与提升速度不可能完全一致，这样必然会造成整体结构的微小变形，从而引起架体内部应力的重新分布。随着各机位升降差的增大，架体结构的附加应力也增加很快。当这些附加应力超过脚手架杆件材料的承载极限时，就会造成架体结构的破坏，引发安全事故。

为了避免上述情况的发生，要求脚手架在升降的过程中，各机位升降差应控制在以下范围内：相邻机位的高差不大于 30mm，整体架体的最大升降差不大于 80mm。通过使用架体同步升降及荷载监控系统，可有效地达到上述要求。

（2）使用架体同步升降及荷载监控系统，可以防止出现荷载超限现象。整体升降脚手架架体的搭设高度为 4～5 层楼层高度，覆盖面积比较大，架体升降过程中很可能遇到外墙突出部位或其他障碍物，造成该部位架体荷载不断增加。此时如不能及时停止升降，必定会导致架体结构承载超过极限，从而产生严重变形，最终造成脚手架的整体坍塌。因此必须使用架体同步升降及荷载监控系统，对各机位的实时荷载进行监控，并提醒具体操作者引起注意。如果某个机位的荷载达到了该点的设定值，则应立即断电，所有升降机构停止升降，在查明原因并排除故障后，方可继续运行。另外，施工误差与导轨变形也会使机位的荷载增加。

2. 架体同步升降及荷载监控系统的基本要求

（1）架体同步升降及荷载监控系统应可以通过控制各提升设备之间的升降差，以及控制各提升设备的荷载来控制各提升机位的同步性。

（2）架体同步升降及荷载监控系统应具备超载报警停机、欠载报警等功能。

（3）所采用的架体同步升降及荷载监控系统，应当向自动显示、自动调整、遇故障自停，即升降技术参数的测定、传输、显示、调节及动作自动化控制方向发展。

3. 架体同步升降及荷载监控系统的控制方法

架体同步升降及荷载监控系统对于手拉葫芦、电动葫芦、电动卷扬机和液压提升设备等不同类型的升降机构，可采用多种类型，其中主要有以下几种控制方法：

（1）极限荷载控制法

极限荷载控制法采用一种“机位荷载预警系统”，主要用于吊拉式附着升降脚手架。该系统由荷载传感器、中继站和自动检测显示仪三部分组成，如图 3-27 所示。

在每个电动葫芦与机位之间串联安装一个机械式荷载传感器，每四只荷载传感器为一组并联至中继站，各中继站用一根电源线与信号线合一的多芯电缆线串联至自动检测显示仪。由自动检测显示仪向中继站每秒发出一组扫描脉冲信号，并接收各中继站的反馈信号，进行检测、显示。当任意一个机位的荷载超出允许荷载的上限值，或低于允许荷载的下限值时，该机位上的荷载传感器立即向总电气控制台发出预警信号，指示异常机位的位置与异常情况的类型，切断总电源，使整体脚手架停止下降，并发出声、光报警信号。

自动检测显示仪面板上每个机位有一个红、黄、绿变光显示灯，当机位荷载超出上限值时，灯光显示红色，表示机位超载；当机位荷载低于下限值时，灯光显示黄色，表示机位欠载；当机

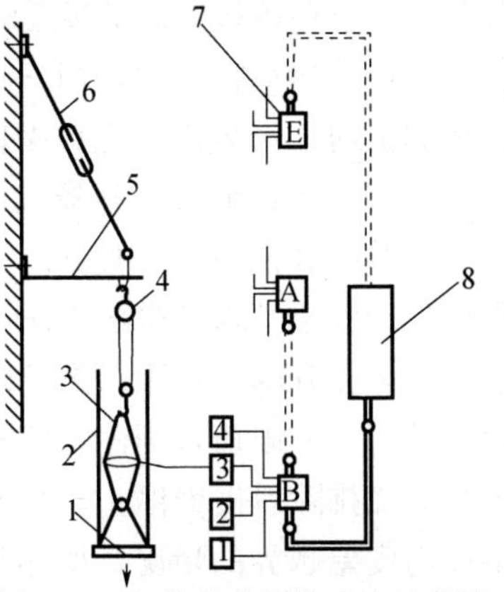

图 3-27　机位荷载预警系统示意图

1—承力架；2—架体；3—荷载传感器；4—电动葫芦；

5—悬挑梁；6—上拉杆；7—中继站；8—自动监测显示仪

位荷载在上、下限值之间时，灯光显示绿色，表示正常。操作人员通过面板上各机位显示灯的颜色和警示标记，可了解所有机位的受力状况，并能及时找出故障机位的位置。待故障排除后，架体才能正常升降。

极限荷载控制法非常简单、实用，但在预先标定的上限荷载和下限荷载范围内不能直接调节控制荷载，同步控制精度不高。

（2）荷载增量控制法

荷载增量控制法采用“荷载增量监控系统”。该系统主要由多种芯片组成的可编程控制器（CPU）、控制电动葫芦转停和正反转的继电器、对升降位移信号采样的传感器、对荷载应力检测的电容式压力传感器，以及在控制系统中与各个机位连接采用的 9 芯屏蔽导线组成。该系统的操作过程如下：

①确定架体初始位置和荷载极限。在系统正式启动前，自动保存各吊点的初始位置，并设定各吊点的荷载上限值和下限值。

②实际检测和显示。架体在升降过程中，系统不断地自动检测各吊点的实际升降距离以及实时荷载状况，并及时显示各吊点

间的最大升降差和与上、下荷载报警值最接近的吊点状况。

（3）高差控制。架体在运行过程中，当任意两个吊点间的升降运行高度差达到控制值时，产生声、光报警信号，并按照预先设定值自动校正。自动停止运行最快的升降机构，并以该吊点的当前位置为标准，继续升降其他吊点，直到所有吊点都处于标准位置为准，然后自动启动整个升降机构继续升降。

（4）荷载控制。架体在升降过程中，系统若发现某吊点的实际荷载超过该点设置的上、下限值，则停止所有升降机构并发出声、光报警信号。待故障排除后报警停止，系统可继续运行，只要不出现荷载超限或高度差越界的情况，架体将继续升降，一直运行到设定的高度（一般为一个楼层的高度）为止。

四、电气控制系统

电气控制系统是对多台升降机构电气系统的控制。附着升降脚手架升降机构的动作比较简单，一般只有上、下（即升或降）两种工况。因此，附着升降脚手架的电气控制系统主要是控制升降机构的正转和反转。

（一）基本动作要求

整体升降脚手架的电气控制系统，应为三相四线制交流控制系统，每台升降机构用一条电缆线接至总控制台，总控制台能控制多台（一般为 30～40 台）升降机构同步升降或单独升降。

（二）电气安全保护

电路中除设有漏电保护开关外，还应有起过流保护作用的总熔断器与分路熔断器，以保护各分路电动机及总电路不致因过载电流而烧毁。各分路中还应装置缺相、错相保护器，当某分路缺相或错相时即会使该分机停止转动，以免因该分路缺相或错相烧坏电动机。控制柜外壳有漏电接地保护，其接地电阻应小于 4Ω。分电缆线的零线与电动机壳体连接，当电动机产生漏电时形成保护回路。

（三）电路显示

总电路中的电流强度，可通过电流互感器在电流表中显示出来；总电路中的电压通过相压转换开关，可在电压表上显示出三相电源中任意两相的电压。

（四）电气安装

电气柜中所有电线的两端均应有编号，供安装和维修时查找。在安装施工中，各升降机构的分电缆线从总控制台起，按顺时针和逆时针两个方向分布，并成束悬挂在架体外排杆内侧高处，应采取措施防止施工中损坏电缆线。在施工升降机和外附式塔式起重机位置处，电缆线安装时应切断，并用防水、防撞型接插件连接，以便在升降期间可拆绕，并复接通施工升降机和塔式起重机的附墙拉结杆。

（五）操作室及电气柜

电气柜操作面板的上方应设有防护盖板，在施工期间可防撞击、风雨、日晒。电气柜门及操作室应配有门锁，以防无关人员擅自进入和动用。

第三节　附着升降脚手架的升降原理

从附着升降脚手架的结构中可以看到，各种类型的附着升降脚手架均有两套附着支撑结构。一套在架体固定状态时使用，另一套在架体提升状态时使用，两套附着支撑结构均能独立承受架体荷载。附着升降脚手架就是利用两套附着支撑结构交替固定、轮流使用，并通过升降机构来实现架体的升降。

一、吊拉式附着升降脚手架的升降原理

吊拉式附着升降脚手架的升降原理如图 3-28 所示。

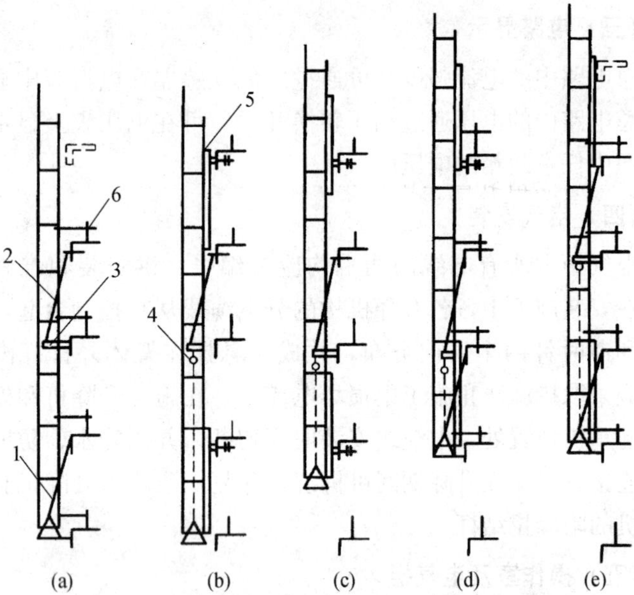

图 3-28　吊拉式附着升降脚手架升降原理图

（a）使用状态；（b）提升前；（c）提升中；（d）提升到位；（e）准备下次提升

1—下拉杆；2—上拉杆；3—提升挑梁；4—提升机构；

5—防倾覆装置；6—附墙拉结杆

吊拉式附着升降脚手架固定使用时，整个架体的垂直荷载由下拉杆（又称承力拉杆）承受，并将荷载传递到建筑物主体结构上，如图 3-28（a）所示。架体提升前，安装好升降机构和上下两道防倾覆装置，拆除架体附墙拉结杆，拆除下拉杆与建筑物之间的连接，准备进行提升。此时，架体的荷载由提升挑梁及上拉杆（又称挑梁拉杆）传递至建筑物主体结构，如图 3-28（b）所示。启动升降机构，架体在上下两道防倾覆装置的限制下，沿着建筑物外墙面升降，如图 3-28（c）所示。架体升降至预定位置后，安装好下拉杆及每层楼面的附墙拉结杆，架体成为固定状态，架体的垂直荷载又转由下拉杆承受，如图 3-28（d）所示。如需再升降一层，将升降机构、提升挑梁和上拉杆一起转移到下一层，并与建筑物主体结构连接，如图 3-28（e）所示。重复以上的操作过程，即能实现架体随建筑物的施工不断升降。

从图 3-28 中可以看出，吊拉式附着升降脚手架在升降过程中，提升点位于架体宽度（或排距）的中心，因此，吊拉式附着升降脚手架的提升属于中心提升，在升降过程中外倾力矩比较小，对架体的抗倾覆有利。

二、导轨式附着升降脚手架的升降原理

导轨式附着升降脚手架与传统脚手架相比，既科学先进，又经济适用。架体构造简单，结构合理；设有导向、抗倾覆、防失稳、防坠落、同步预警、短路、断路、缺相、过载等多道安全装置。导轨式附着升降脚手架利用导轨和导座之间的连接和相对运动，实现架体的固定和升降，其升降原理如图 3-29 所示。

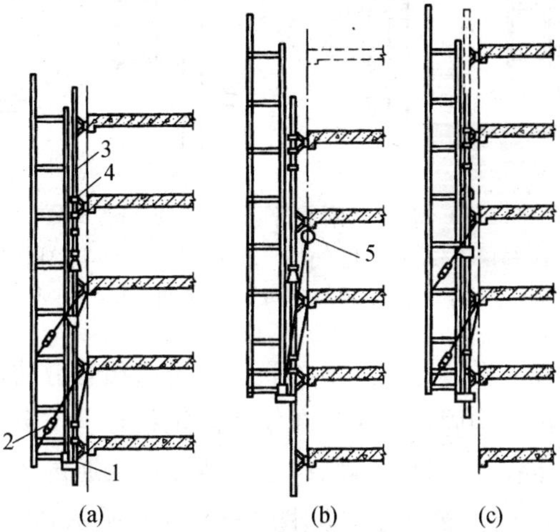

图 3-29　导轨式附着升降脚手架升降原理图

（a）使用状态；（b）升降中；（c）升降后

1—导座；2—斜拉钢丝绳；3—导轨；4—定位销；5—升降机构

三、套框式附着升降脚手架的升降原理

套框式附着升降脚手架，即由交替附着于墙体结构的固定框架和滑动框架（可沿固定框架滑动）构成的附着升降脚手架。套框式附着升降脚手架的升降过程，是通过架体结构中主框架和套框架的交替固定和升降来实现的，其升降原理如图 3-30 所示。

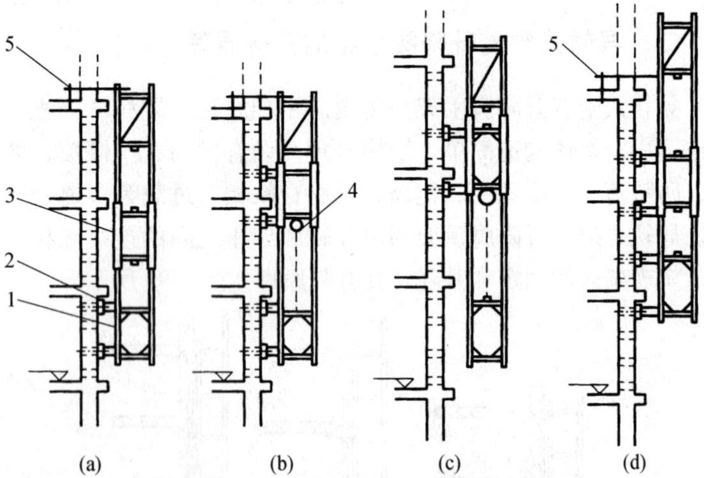

图 3-30　套框式附着升降脚手架升降原理图

（a）使用状态；（b）提升前；（c）提升中；（d）就位固定

1—主框架；2—附墙支座；3—套框架；4—提升机构；5—水平拉结杆

主框架和套框架虽然互不关联，但可以相对滑动，也都可以与建筑物主体结构固定连接。在架体固定状态下，由主框架通过附墙支座固定在建筑物主体结构上，架体荷载通过架体主框架和附墙支座传递到建筑物上，如图 3-30（a）所示。架体提升前，在主框架固定的情况下，松开套框架与建筑物之间的连接，利用主框架上的吊挂点，用升降机构将套框架提升到一定的高度，通过附墙支座与建筑物连接；再将升降机构安装在主框架与套框架之间，拆除主框架上的附墙支座和水平拉结杆，此时，架体荷载

由升降机构和套框架来承受，如图 3-30（b）所示。启动升降机构，将主框架（即架体）沿着套框架向上提升，如图 3-30（c）所示，此阶段架体荷载通过升降机构和套框架上的附墙支座传递到墙体上。架体提升到位后，将主框架上的附墙支座与墙体固定，并安装水平拉结杆，如图 3-30（d）所示，从而完成一次提升过程。架体下降则反向操作。受架体结构的限制，套框式附着升降脚手架一层楼的高度，一般需要重复 2～3 次升降过程，因此，架体升降所需时间较长。

四、吊套式附着升降脚手架的升降原理

吊套式附着升降脚手架，即采用吊拉式附着支承的、架体可沿套框升降的附着升降脚手架。吊套式附着升降脚手架的结构形式，与套框式附着升降脚手架基本相同，只是将套框式附着升降脚手架的附墙支座换成了两套斜拉杆和附着支撑管，吊套式附着升降脚手架升降原理如图 3-31 所示。

在使用状态下，架体由主框架底部的附着支撑管和斜拉管，以及架体顶部的水平拉结杆固定在外墙体上；架体荷载由主框架上的斜拉杆传递到建筑物上，如图 3-31（a）所示。架体提升前，将套框架上移一层，通过套框架上的斜拉杆和附着支撑管，将套框架固定在上一层的墙体上，如图 3-31（b）所示。拆除主框架上的斜拉杆和附着支撑管，通过升降机构将主框架提升至上一层楼面，并固定好斜拉杆及附着支撑管，架体完成一次提升动作，如图 3-31（c）所示。再将套框架及斜拉杆移到上一层楼面，又可进行下一次提升。吊套式附着升降脚手架和套框式附着升降脚手架的升降都属于中心提升，升降过程中架体的外倾力矩较小。

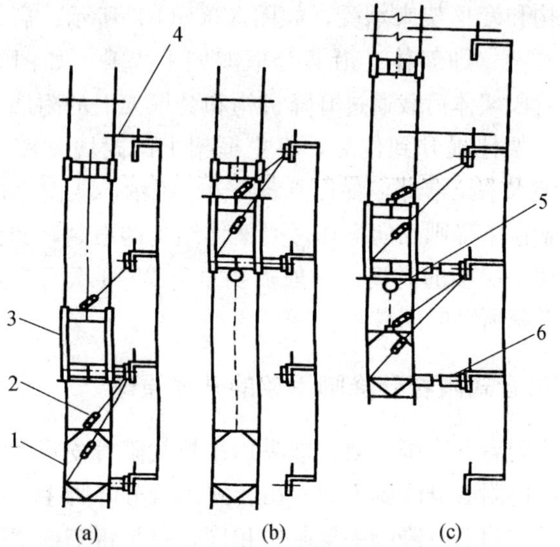

图 3-31　吊套式附着升降脚手架升降原理图

（a）使用状态；（b）提升前；（c）提升到位固定

1—主框架；2—斜拉杆；3—套框架；4—水平拉结杆；

5—升降机构；6—附着支撑管

五、互爬式附着升降脚手架的升降原理

随着建筑施工技术的迅速发展，建筑结构和造型的不断变化，在市场经济的大环境下，建筑施工附着升降脚手架在国内建筑领域的应用逐渐增多。在高层建筑施工过程中，采用液压互爬式附着升降脚手架进行施工，具有施工速度快、操作简单、确保工程质量、降低工程成本等的特点。互爬式附着升降脚手架的升降机构一般采用手拉葫芦，其升降原理如图 3-32 所示。

先将各相间的一半脚手架单元架体固定在建筑物结构上，再将手拉葫芦的吊钩挂在固定架体的提升横梁上，挂钩则挂在被提升单元架体底部的水平梁架上，并拆除各相间架体之间的连接，拉动各葫芦将相邻的一半脚手架单元架体提升到位，如图 3-32

(a) 所示。在新的位置将被提升单元架体固定在建筑物主体结构上，再用同样的方法将手拉葫芦固定在升高后新位置的架体上，准备提升另一半脚手架单元架体，如图 3-32 (b) 所示。

互爬式附着升降脚手架整层架体提升完毕后，将各单元架体相互之间连接好，再进行新的一层建筑结构施工。不断重复以上动作，就可以使架体随着建筑物不断升高。互爬式附着升降脚手架是采用两只手拉葫芦人工操作，其同步性及平稳性较差，而且每次升降所需要的时间较长。

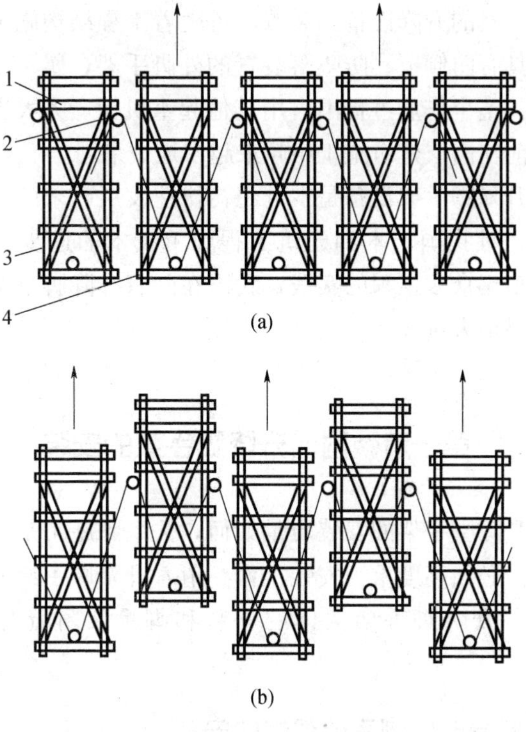

图 3-32　互爬式附着升降脚手架升降原理图

(a) 提升一半脚手架体；(b) 准备提升另一半脚手架体

1—提升横梁；2—手拉葫芦；3—固定架体；4—被提升架体

第四章 附着升降脚手架的施工工艺

附着升降脚手架是仅需搭设一定高度并附着于建筑工程结构上，依靠自身的升降设备和装置，可随着工程结构施工逐层爬升或下降，具有防倾覆、防坠落装置的外脚手架，属于工具式脚手架的一种。整个作业过程不占用其他起重机械，大大提高了施工效率。目前在高层建筑施工中越来越多地被采用。

附着升降脚手架设备是本世纪初快速发展起来的一种新型脚手架技术，对我国土木和建筑工程施工技术的进步具有重要影响，经过多年众多工程的实践，我国在附着升降脚手架施工工艺方面已取得很大进步。

第一节 附着升降脚手架的安装

附着升降脚手架的安装质量如何，关系到施工是否顺利和安全，因此，必须高度重视安装工作。附着升降脚手架的安装主要包括：附着升降脚手架架体的安装和脚手架附着升降系统的安装。

一、附着升降脚手架架体的安装

（一）脚手架架体安装前的准备工作

1. 根据不同类型的建筑物主体结构和施工工艺及现场实际状

况，编制每项工程的附着升降脚手架专项施工方案，按规定进行审批后执行。

2. 施工方案编制人或单位技术负责人，应根据附着升降脚手架专项施工方案的各项技术要求，以及国家现行有关附着升降脚手架标准的强制性规定，向架体安装人员进行安全技术交底。安全技术交底的主要内容应包括：

(1) 工程概况。工程概况主要包括待建工程的层高、层数、建筑物总高度、建筑结构类型等，特别是建筑物平面外围结构的特殊性。

(2) 附着升降脚手架的规格、型号，脚手架的搭设高度、宽度、步距、跨距，以及机位布置、架体搭设的特殊要求等。

(3) 根据待建工程的施工方案，检查施工现场人员、材料和设备的准备情况。

(4) 根据工程施工进度计划，详细介绍附着升降脚手架架体搭设的方法和程序、施工进度要求及各工种的配合情况。

(5) 根据国家及行业标准，强调附着升降脚手架架体搭设质量标准、要求及安全技术措施。

3. 按规定对架体竖向主框架、架体水平桁架等架体结构件，以及钢管、扣件等搭设材料进行检查验收，不合格的构件或材料不得使用。

4. 按照有关规定经检验合格的构配件和材料，应按品种、规格进行分类，堆放整齐、平稳，堆放场地应有良好的排水设施，场地内不得有积水。

5. 按照有关要求清除架体搭设场地杂物，认真检查安装平台的平整度和牢固程度，确保架体搭设顺利、安全。

(二) 脚手架架体安装的工艺步骤

工程实践证明，各种类型的附着升降脚手架架体的安装工艺基本相同。附着升降脚手架架体的搭设工艺流程如图 4-1

所示。

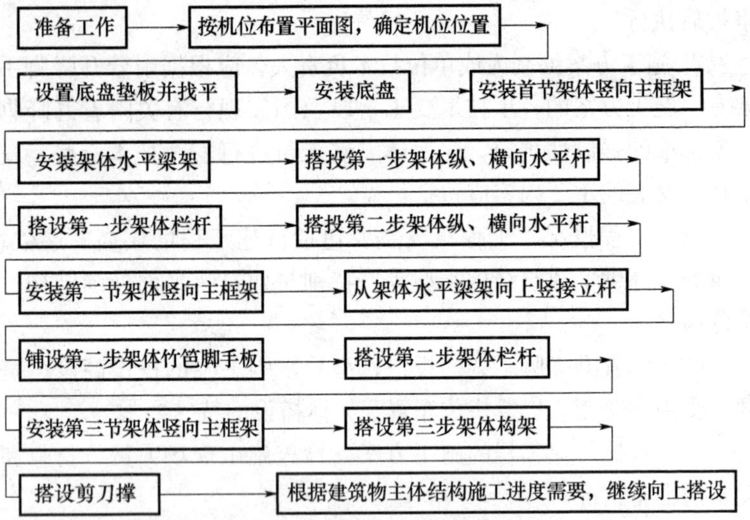

图 4-1　附着升降脚手架架体的搭设工艺流程图

（三）架体竖向主框架安装操作要点

1. 架体安装前应设置安装平台，安装平台应有保障施工人员安全操作的防护措施。安装平台的水平精度和承载能力应满足架体安装要求。

2. 承力架安装时要调整平稳，各承力架之间的高差应不大于20mm。承力架安装后，应将其固定，防止架体安装时晃动。

3. 从底部向上依次安装架体竖向主框架，其搭设高度与架体构架的搭设同步，按各种类型架体竖向主框架的安装要求装好每一个螺栓、垫片、螺母或者销轴、开口销等连接件，不得以小代大。

4. 在安装过程中随时注意调整架体竖向主框架的垂直偏差，应不大于主框架的 5‰和不超过 60mm，并及时将搭设好的架体与建筑物内支撑脚手架或楼面预埋管连接。

（四）架体水平梁架安装操作要点

1. 根据各种架体水平梁架的结构形式，安装架体水平梁架；按其要求安装好所有连接点的螺栓、螺母或销轴；要求各处水平梁架与建筑物之间的距离相等。

2. 当架体水平梁架采用定型梁式桁架结构，不能连续设置时，局部可采用普通脚手架杆件进行连接，但其长度不应大于2m；并且必须采取加强措施，确保其连接强度不低于桁架梁式结构。

（五）架体构架安装的操作要点

1. 在架体竖向主框架之间，从架体水平梁架向上逐步搭设架体构架。应采用扣件式钢管脚手架或碗扣式钢管脚手架，其搭设应满足现行国家或行业的相关标准或技术规范。

2. 架体外立面沿全高搭设剪刀撑，剪刀撑的搭设要求按现行行业标准《建筑施工扣件式钢管脚手架安全技术规范》（JGJ 130—2011）执行。

3. 对架体构架需要加强的部位，应按照现行国家和行业的有关规定，采取可靠的加强构造措施。

4. 为了方便施工人员上下架体，可在架体的合适位置，从架体构架的第一步至架体顶部搭设楼梯通道，且通道的搭设应满足安全规范的要求。

（六）架体构架安全防护装置的安装

1. 架体水平梁架的底层应用脚手板严密铺设，并用密目安全网兜底封闭。

2. 在架体底层与建筑物外表面之间设置翻板构造；也可采用模板封死，只留5～10mm的距墙间隙，防止物料坠落伤人。

3. 在每一作业层架体外侧设置上、下两道防护栏杆，上杆的高度为1.2m，下杆的高度为0.6m，并设置高度为0.18m的挡脚板。

4. 在架体构架的各步纵向中线上，按现行行业标准《建筑施工扣件式钢管脚手架安全技术规范》（JGJ 130—2011）的要求搭设纵向水平杆，并铺设竹笆脚手板或木脚手板。

5. 在架体外侧用密目安全网（800 目/100cm^2）围挡，密目安全网必须可靠固定在架体上，施工层的架体外侧还应设置竹笆片，并将其可靠固定。

6. 架体构架的断开处必须加设防护栏杆，并用密目安全网封闭。

7. 架体顶层与楼顶墙面之间的间隙，应当用大眼安全网进行封闭；架体提升前拆除，提升到位后及时与楼面拉结。

（七）架体安装的检查与验收

1. 架体构架在搭设过程中，脚手架施工单位应指定专职技术人员、安全人员对架体构架的搭设质量进行检查验收，并将检查验收结果记入检查报告，存档备查。

2. 架体竖向主框架和架体水平梁的各节点连接件的安装质量，应符合该类型桁架的安装要求。

3. 架体构架中采用扣件式钢管脚手架或碗扣式钢管脚手架搭设的部分，其搭设质量应达到有关技术规范的要求。

4. 架体安装搭设的水平度和垂直度偏差，应在现行标准的允许范围内。

5. 架体的安全防护装置的设置应符合现行国家和行业标准中的规定。

6. 架体搭设完毕后，应由附着升降脚手架施工单位组织技术、质量、安全人员，对架体搭设的质量进行自检验收，并上报当地有关管理部门备案或复检验收。

7. 附着升降脚手架是高层建筑施工的主要设施，是施工现场安全检查的主要项目之一，其检查评分可以参考现行行业标准

《建筑施工企业安全检查标准》(JGJ 59—2011)。

二、脚手架附着升降系统的安装

(一)附着升降系统安装的准备工作

(1)制订方案。附着升降系统的安装与架体安装同步进行，因此在附着升降系统安装前，应根据该附着升降系统的特点，结合该工程结构、施工条件及施工要求，编制包括架体搭设和附着升降系统安装内容的附着升降脚手架专项施工方案，并按规定办理审批手续。

(2)人员配备。附着升降系统的安装施工是技术性比较强的工作，应根据附着升降脚手架专项施工方案的要求，配备合格的专业技术人员和专业施工队伍。

(3)安全技术交底。在附着升降系统安装前，根据专项施工方案的要求，对有关施工人员进行安全技术交底，并且明确各岗位职责。

(4)准备材料和工具。根据不同的附着升降系统，准备好安装中所用的材料、构件和作业工具，如锤子、扳子、水平尺、钳子、线锤、卷尺、对讲机等。

(5)使用前的检查。对附着升降系统所用的材料、工具和设备，使用前均应进行检验，材料应具有质量合格单，工具和设备应具有出厂合格证，不合格的产品严禁投入使用。

(二)附着升降系统的安装

各种附着升降系统的结构各不相同，其施工工艺也各有差异。在实际工程中，应用比较广泛的是吊拉式附着升降系统和导轨式附着升降系统。现以这两种附着升降系统为例，介绍其安装工艺、施工方法及要求。

1. 吊拉式附着升降系统的安装

吊拉式附着升降系统的安装应自下而上，与架体的安装搭设同步进行，其具体安装步骤如下：

（1）安置承力架（底盘）。按脚手架机位布置平面图，将承力架放在对应位置的地面、楼面或架体上固定好，承力架应保证在同一水平面上，相邻两个机位其承力架的高度差应不大于20mm，然后安装竖向主框架和水平梁架，并搭设架体。

（2）预埋穿墙管。每个机位处应根据不同的建筑结构形式，采用不同的方式预埋安装用的穿墙管。穿墙管中心距梁底或楼板底面的距离不小于100mm，预埋穿墙管的中心线与机位中心线的位置偏差不大于15mm，同时应采取有效的措施防止水泥砂浆堵塞预埋管。

（3）安装下拉杆（承力架拉杆）。拉杆的下端与承力架连接，上端通过耳板座和穿墙螺栓与墙体连接。穿墙螺栓穿过预埋穿墙管，并用双螺母紧固。安装后应同时收紧双拉杆。

（4）安装下道防倾覆装置。在每个机位架体竖向主框架1～2步的立杆上，安装下道防倾覆导轨。安装时导轨上面的抱箍应尽可能靠近结构节点处安装，并应拧紧螺母，外露的螺纹抹上黄油。然后将滑杆穿入导轨，并用穿墙螺栓固定在墙体上。

（5）安装悬挑梁。将悬挑梁及上拉杆通过穿墙螺栓固定在墙体上。安装前先检查每个机位的预留孔位置是否正确，孔内有无堵塞现象；否则应采取补救措施，方可进行安装。安装好后将双拉杆的松紧度调整均匀。

（6）安装电动葫芦并布置电缆线。悬挑梁安装完成后，将电动葫芦悬挂在悬挑梁下端的挂钩上，同时可布置连接电缆线。电缆线由操作台的两侧按顺时针、逆时针两个方向排列，连接每个电动葫芦；并应先接通电动葫芦，再接通电气控制台，最后接通总电源箱；而后通电逐个检查并调整，使电动机的运转方向一致。

（7）安装上道防倾覆装置。根据不同架体的设计位置，在每个机位架体竖向主框架的顶部立杆上，安装上道防倾覆导轨。导轨上面的抱箍同样应尽可能靠近结构节点处安装，再按照下滑杆的安装方式安装好上滑杆。以上构件全部安装好后，在上、下滑道和滑杆上涂抹全损耗系统用油。

（8）安装架体同步升降及荷载监控系统。荷载监控系统与升降机构同时安装，荷载传感器悬挂在电动葫芦的下钩上，中继装置悬挂布置在架体上，并通过电缆线与荷载传感器和中央显示仪相连。布线要求同电缆线的布置，每根电缆线末端的插头平时应用塑料薄膜包裹好，防止潮湿、沾染脏污。全部安装好后，应检查信号是否正常，连接是否正确。

（9）安装防坠落装置。将防坠吊杆与承力架吊杆连接牢靠，再将楔块套管式触发型防坠落装置穿过防坠吊杆，并用螺栓将其安装在悬挑梁的端部。防坠吊杆上端用铅丝悬挂在脚手架钢管上，清除防坠吊杆上的污物，涂抹系统用油。

（10）安装检查及调试。附着升降系统安装完毕，应按各项安全技术要求，对附着支撑结构、升降机构、安全保护装置和电气控制系统逐项进行检查、调试，全部符合要求后方能交付使用。

2. 导轨式附着升降系统的安装

（1）安装底盘。根据施工方案布置底盘并搭设架体水平梁架，随着工程进度搭设上部架体，同时逐步安装附着升降系统。

（2）安装导轮。在架体的设计位置安装上导轮和下导轮，导轮应安装在架体竖向主框架桁架的节点上，并且上导轮与下导轮的间距应符合设计规范的要求。

（3）预埋穿墙管。每个机位处应根据不同的建筑结构形式，采用不同的方式预埋安装用的穿墙管。穿墙管中心距梁底或楼板底面的距离不小于 100mm，预埋穿墙管的中心线与机位中心线的位置偏差不大于 15mm，并应采取有效措施防止水泥砂浆堵塞预埋管。

（4）安装导轨连接件。将导轨连接件（即连墙支杆、连墙支杆座和连墙挂板）用穿墙螺栓安装在建筑物上，两连墙支杆的夹角宜控制在45°～150°之间。

（5）安装导轨。将第一根导轨插入导轮与架体桁架之间，并与连墙支杆座连接（即导轨固定在墙体上），导轨底部应低于底盘1m左右。作为架体升降同步性测量使用的导轨，应注意使每根导轨上的数字处于同一水平面上，以便于今后在升降过程中测量和调整。随着架体的搭设，以第一根导轨为基准依次向上安装导轨，并应通过连墙支杆调节导轨的垂直度，将其控制在安装高度的5‰以内。

（6）安装提升机构。在架体的中部导轨上安装提升挂座，将电动葫芦的上钩挂在提升挂座上，下钩挂在竖向主框架的提升支座上。

（7）安装斜拉钢丝绳。将斜拉钢丝绳下端固定在架体竖向主框架的底部，上端通过花篮螺栓挂在连墙挂板上，并收紧钢丝绳。

（8）安装限位锁。将限位锁固定在架体竖向主框架与导轨之间，使架体的荷载通过限位锁传递到导轨及建筑物上。

（9）电气安装。搭设电控操作台，将电缆线布置到每个提升机位置处，并与电动葫芦连接，应注意将电缆线留足升降时所需要的长度。

（10）安装防坠落装置。将制动装置固定在架体竖向主框架的底部，使传感装置与提升机构连接。

（11）安装检查及调试。附着升降系统安装完毕，应按各项安全技术要求对附着支撑结构、升降机构、安全保护装置和电气控制系统逐项进行检查、调试，全部符合要求后方能交付验收。

（三）升降机构的安装与调试

1. 电动葫芦的安装比较简单，只要将其悬挂并连接在提升挂座（或悬挑梁）与架体底盘之间即可。安装后要注意检查链条有无翻链现象；通电后应观察电动葫芦工作是否正常，有无异常响声；应检查并调整所有电动葫芦，使其正、反转（即上升、下降）方向一致，制动后无下滑现象。

2. 电动卷扬机的固定应牢靠，连接螺栓应紧固到位，并应有防松措施。安装后应检查钢丝绳有无打折、断丝现象，排绳是否整齐；通电后应检查电动卷扬机正、反转（即上升、下降）方向是否一致，制动后有无下滑现象。

3. 液压提升设备的安装，主要是液压控制台和液压千斤顶的安装，以及外接胶管、分油管路、支油管路的布置和连接。安装后要仔细检查各接头处有无漏油现象，各种油管的分布和固定要避免干涉与碰撞，严禁架体在升降中挤压或碰撞油管。液压提升设备安装后应进行如下调试：

（1）若提升机构使用穿心式液压千斤顶，则将所有千斤顶接通油管，在千斤顶中间插入节状支撑杆；接通电源，按下按钮使电动机空载启动；松开溢流阀，按下工作按钮，调节溢流阀压力至 4～5MPa，将转换开关旋到手动位置，试验空载升降情况；试验结果正确后，再将溢流阀调节至工作压力（8～10MPa），用时间继电器进行进油和回油补偿，确保锁紧卡体完全打开。

（2）将转换开关旋转到自动位置上，按上升或下降按钮，千斤顶自动上升或下降；按停止按钮，千斤顶停止升降。

（3）将溢流阀的压力调到 12MPa，检查各油管接头、管路是否有漏油情况。

（4）再将溢流阀压力调回到 8～10MPa，按下上升或下降按钮，检查上升或下降工作情况，如无异常情况，则调试工作完毕，可以进行正常的升降操作。

（四）升降系统安全技术要求

1. 附着支撑结构采用普通穿墙螺栓与建筑结构连接时，应使用双螺母加垫板固定，螺杆露出螺母应不少于 3 扣，垫板尺寸应根据设计确定，且不得小于 80mm×80mm×8mm。

2. 当附着点采用单根穿墙螺栓进行锚固时，应具有可靠的防止扭转的措施。

3. 对附着支撑结构与建筑结构连接处混凝土的强度要求，应按照计算的结果确定。

4. 附着支撑结构、防倾覆装置、防坠落装置等关键部件的加工件，要有可追溯性的标志，加工件必须进行检验。构配件出厂时，应提供出厂合格证。

5. 附着升降系统安装的施工人员，必须经过专业技术培训，并持有效证件上岗操作。

6. 附着升降脚手架所使用的各种材料、工具和设备，应有质量合格证、材质单等质量文件，使用前应按相关规定对其进行检验，不合格产品严禁投入使用。

7. 在同一个升降脚手架中，同时使用的升降机构、防坠落装置以及架体同步升降及荷载监控系统，应分别采用同一厂家生产的、同一规格型号的产品。

8. 防倾覆装置在安装过程中应进行必要的调整，使导轨的垂直度偏差不大于 5‰，并且不超过 60mm。

9. 预留穿墙螺栓孔或预埋件应有效固定在建筑结构上，且垂直于建筑结构的外表面，其中心误差应小于 15mm。

10. 承力架（底盘）的安装位置，由现场施工技术人员按脚手架施工方案确定，未经施工方案设计人员同意，不得随意更改其安装位置。

第二节　附着升降脚手架的升降

附着升降脚手架是指搭设一定高度并附着于工程结构上，依靠自身的升降设备和装置，可随着工程结构逐层爬升或下降，具有防倾覆、防坠落装置的外脚手架。附着升降脚手架设备是20世纪初快速发展起来的新型脚手架技术，对我国建筑工程施工技术进步具有重要的影响。这种脚手架将高处作业变为低处作业，将悬空作业变为架体内部作业，具有显著的低碳、高科技含量和更经济、更安全、更便捷等特点。

一、附着升降脚手架升降的准备工作

1. 附着升降脚手架在每次升降前，应根据专项施工组织设计或脚手架施工方案，并结合施工现场的实际情况，对施工人员进行安全技术交底。

2. 脚手架在升降运行前，应全面检查是否达到以下要求：

（1）建筑工程结构混凝土的强度应达到附着支撑对其附加荷载的要求。

（2）升降工况下的附着支撑装置的安装质量应符合设计规定，严禁少装附着固定连接螺栓和使用不合格螺栓。

（3）下一层预埋穿墙螺栓孔的埋设应符合脚手架施工方案的要求。

（4）脚手架的架体结构应非常牢靠，所有的螺栓应确实拧紧。

（5）各项安全保护装置全部检验合格；防倾覆装置安装牢固；导轨垂直度符合要求。

（6）电源、电缆及控制柜等的设置符合用电安全的有关规定；控制柜与升降机构的连线正确；供电正常，控制有效；电缆线的长度满足升降的需要。

（7）脚手架的升降机构工作正常；电动葫芦无翻链现象。

（8）同步升降及荷载控制系统的设置和试运行效果符合设计要求。

（9）脚手架上的各种安全防护设施齐备，均符合设计要求。

（10）架体与墙体之间的障碍物全部清除；架体上的所有约束已解除。

（11）脚手架升降施工中，各岗位上的施工人员已落实，并且责任到人。

（12）附着升降脚手架应设置必要的消防设施及照明设施。

二、附着升降脚手架的提升工艺

各种附着升降脚手架的组成各不相同，但每种升降脚手架的提升工艺和下降工艺基本相同，现列举有代表性的升降脚手架——吊拉式附着升降脚手架和导轨式附着升降脚手架的提升工艺。

（一）吊拉式附着升降脚手架的提升工艺

（1）在脚手架安装全部完成后，架体上施工的作业人员撤离架体，清除架体上的施工材料和设备，吊离插入架体的进出料平台。

（2）检查外墙面上有无钢筋、模板、支模架及其他外挑结构，凡是有碍架体提升的均应排除。

（3）检查电控操作台上各开关、按钮、指示灯是否正常，电缆线各处插件连接是否可靠，升降机构的动作是否灵敏，电动葫芦钩头运行方向是否与操作台指示方向一致。

（4）逐台开动电动葫芦，使吊钩均匀承力；检查链条应无扭曲、打结现象；电缆线应自由垂挂，既不得接触链条，也不得挂、钩钢管和扣件等。

（5）按规定顺序先后拆除下拉杆、附墙拉结杆，翻开架体与建筑物之间的防护安全网和防护板并固定。

（6）放下防坠落装置的扳杆，挂好脱钩机构，打开所有悬挑梁端部防坠落装置的卡爪，使防坠落装置处于“开启状态”。

（7）启动脚手架的架体整体提升，仔细观察机位升降机构和安全装置工作是否正常，提升 50～80mm 后停机，检查各处是否正常，对出现的故障应及时排除。

（8）架体提升一切正常后，可继续运行到位。

（9）架体提升到位后，调整整个架体的水平度，控制各机位高度差在 30mm 以内。

（10）松开防坠落装置的脱钩机构，使卡爪夹紧防坠吊杆，防坠落装置处于“闭锁”状态。用塑料薄膜包扎防坠落装置和电动机，以防止雨水、混凝土和砂浆污染，使提升机构正常使用。

（11）在每一个机位处安装架体底部和顶部的附墙拉结杆。

（12）拉结架体顶部与施工楼层面的安全网，翻下架体底部的防护板，封闭脚手架上部和下部与墙体之间的空隙。

（13）安装下拉杆，紧固穿墙螺栓、垫片及双螺母，调节花篮螺栓，使两根下拉杆受载均衡。

（14）对提升后的架体进行全面检查，并办理交接使用手续。

（15）将悬挑梁、防坠落装置、上拉杆和防倾覆装置分别移位安装在上一层预埋孔处，两根上拉杆应调整为受力均匀，悬挑梁与墙面应垂直，做好下一次提升的准备。

（二）导轨式附着升降脚手架的提升工艺

（1）以同一水平位置的导轮为基准，记下该导轮所对应的导轨上的孔位或数字，确定第一次提升的距离（一般为 500mm）。

（2）拆除脚手架架体与墙体之间的防护，拆除架体附墙拉结杆。

（3）收紧电动葫芦的吊钩，拆除斜拉钢丝绳和限位销。

（4）启动电动葫芦，脚手架沿着导轨平稳上升，升至预定的第一次提升位置后停机，检查各处有无障碍，机构工作是否正常，发现问题应及时处理。

（5）将架体继续提升到位。在提升的过程中应注意观察各提升点的同步性，当发现高度差超过一个孔位时，应立即停机进行调整。

(6) 将斜拉钢丝绳挂在上一层连墙挂板上并收紧，用限位锁锁住导轨和架体，使限位锁和斜拉钢丝绳同时受力。

(7) 做好脚手架架体底部和里口的安全防护，安装各机位处的附墙拉结杆。

(8) 对提升后的架体进行全面检查，一切正常后可办理交接手续。

(9) 松下电动葫芦，将提升挂座连同电动葫芦移至上层导轨处安装。

(10) 将下部已超出架体的导轨连同导轨固定装置（连墙挂板、连墙支杆、连墙支杆座）移装到架体的顶部，准备下次提升。

三、附着升降脚手架升降安全操作规程

1. 为确保脚手架升降顺利和施工安全，负责脚手架升降的施工人员必须经专业技术培训，并持有效证件上岗操作。

2. 整体附着升降脚手架的控制中心应指定专人负责操作，不允许其他人员操作。

3. 在脚手架正式升降前，应通过试验确定作业程序和具体要求，在升降中应严格执行规定的脚手架升降作业程序和技术要求。

4. 严格控制并确保架体上的荷载符合“升降脚手架使用说明书”的规定。

5. 在正式升降前，对所有妨碍架体升降的障碍物必须彻底拆除；所有升降作业要求解除的约束必须拆除。

6. 在升降过程中，严禁操作人员停留在架体上，特殊情况确实需要登架的，必须采取有效的安全防护措施，并且经建筑安全

监督部门审查同意后方可实施。

7. 正在升降的脚手架下方应设置安全警戒线，严禁有人进入警戒区，并设专人负责监护。

8. 严格按设计规定控制各提升点的同步性，相邻提升点间的高度差不得大于 30mm，整体架体的最大升降差不得大于 50mm。

9. 在脚手架升降过程中，应实行统一指挥、规范指令。升降指令只能由总指挥一人下达，但遇有异常情况出现时，任何人均可立即发出停止升降指令。

10. 在脚手架升降过程中，当某台升降机构损坏需要拆下修理或更换，而该机位附着支撑结构又无法安装时，应采取安全可靠的措施，使该机位的荷载能直接传递到建筑结构上。

11. 附着升降脚手架升降到位后，必须及时按使用工况的要求进行附着固定。在没有完成架体固定工作前，施工人员不得擅自离岗或下班。未办理交付使用手续的架体不得投入使用。

12. 脚手架每次升降结束后，应切断操作台的总电源，并关好操作室的门窗。

13. 当遇到下列情况之一时，应当立即停止作业：

（1）出现影响脚手架安全作业的恶劣天气，如大雨、大雪、大雾、大风等。

（2）脚手架的升降机构出现漏电现象，应立即停止升降并查明漏电原因。

（3）当发现钢丝绳磨损严重、扭曲、断股、打结或出槽时，应立即停止作业。

（4）钢丝绳在卷筒上出现爬绳、乱绳、啃绳、多层缠绕时，各层间的绳索互相塞挤时。

（5）提升设备采用电动葫芦出现翻链和其他影响正常运行的故障。

（6）脚手架上所设置的安全保护装置失效。

（7）脚手架各传动机构或附着支撑机构出现异常现象或异常响声。

（8）脚手架的竖向主框架或水平梁架部分发生变形。

（9）在升降的过程中发生其他妨碍作业及影响安全的故障。

14. 附着升降脚手架，产品应经过国务院建设行政主管部门组织鉴定或者委托具有资格的单位进行认证。从事附着升降脚手架安装、拆除、升降施工的单位应取得相应的施工资质证书。

15. 附着升降脚手架的施工单位，应当到当地建设行政主管部门办理相应的申报备案手续。

16. 附着升降脚手架组装完毕后，工程项目的总承包单位，必须根据相关的技术规定和专项施工方案等有关文件的要求，组织有关人员进行检查验收，合格后方可进行升降作业。

第三节　附着升降脚手架的拆除

附着升降脚手架的拆除是脚手架施工中一项重要的工作。工程实践证明，这项工作不仅关系到工程施工进度的快慢、工程造价的高低，而且也关系到施工人员的安危、现场施工的文明。因此，在附着升降脚手架的施工中，一定要高度重视这项工作。

一、附着升降脚手架拆除工作的特点

1. 附着升降脚手架拆除工作时间紧、任务重。附着升降脚手架的拆除工作一般在主体工程完成之后进行，往往要求在很短的时间内完成。架体安装是随着建筑结构施工逐层搭设的，整个脚手架搭设完毕一般需要一个月左右时间，而架体的拆除要求在几天内完成，这就强调附着升降脚手架拆除工作必须做到井井有

条、安全有效。

2. 多数附着升降脚手架施工到顶层后，建筑物主体结构的外装饰施工不再使用附着升降脚手架，架体必须在高空予以拆除，这时导致人、物坠落的可能性较大。

3. 附着升降脚手架在搭设的过程中，可利用塔式起重机等起重机械来运送架体构件和材料，并协助进行搭设。而在拆除架体时，起重机械一般已拆除退场，架体的拆除以及各种构件和材料的运输只能通过人工完成，拆除工作的难度与危险性均比较大。

二、附着升降脚手架拆除的主要原则

1. 附着升降脚手架架体拆除顺序为先搭后拆，后搭先拆，严禁不按搭设程序拆除架体。

2. 拆除架体各步时应做到一步一清，不得同时拆除两步以上。每步上铺设的竹笆脚手板或木脚手板以及架体外侧的安全网，应随架体逐层拆除，使操作人员有一个相对安全的操作条件。

3. 架体上的附墙拉结杆应随架体逐层拆除，严禁同时拆除多层附墙拉结杆。

4. 拆除脚手架使用的工具，应用尼龙绳系在安全带的腰带上，防止工具从高空坠落。

5. 各杆件或零部件拆除时，应用绳索捆扎牢固，缓慢放至地面、裙楼顶或楼面，不得抛掷脚手架上的各种材料及工具。

6. 拆下的结构件和杆件应分类进行堆放，并及时运出施工现场，集中清理、维修和保养，以备重复使用。

三、附着升降脚手架拆除的准备工作

工程实践证明，附着升降脚手架拆除作业的危险性往往大于安装搭设作业，因此，在拆除工作开始前，必须充分做好以下准备工作：

1. 制订方案

根据施工组织设计和附着升降脚手架专项施工方案，并结合拆除现场的实际情况，有针对性地编制脚手架拆除方案，对人员组织、拆除步骤、安全技术措施等提出详细要求。拆除方案必须经脚手架施工单位安全、技术主管部门审批后方可实施。

2. 技术交底

脚手架拆除方案审批后，由施工单位技术负责人和脚手架项目负责人，对具体操作人员进行拆除工作的安全技术交底。

3. 清理现场

在脚手架拆除工作开始前，应清理架体上堆放的材料、工具和杂物，清理拆除现场周围的障碍物，为正式拆除做好准备工作。

4. 人员组织

为尽快拆除脚手架，施工单位应组织足够的操作人员参加架体拆除工作。一般拆除附着升降脚手架需要 6～8 人配合操作，其中应有 1 名负责人指挥并监督检查安全操作规程的执行情况，架体上至少安排 5～6 人拆除，1 人负责拆除区域的安全警戒工作。

四、附着升降脚手架拆除的工艺流程

附着升降脚手架架体的拆除工艺流程如图 4-2 所示。

五、附着升降脚手架拆除的操作要点

1. 附着升降脚手架的拆除工作，必须按经审批的专项施工方案及安全操作规程的有关要求完成。

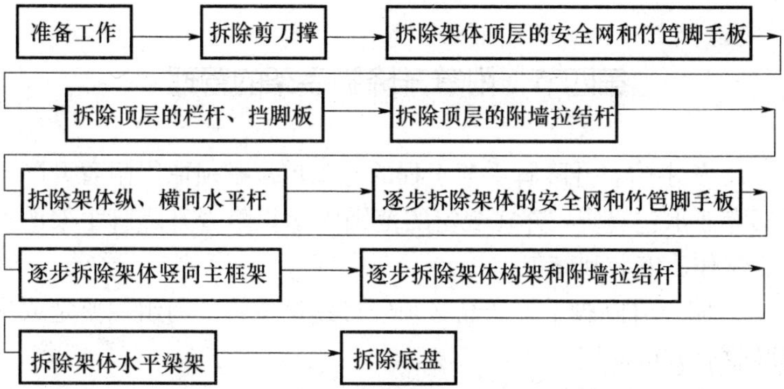

图 4-2　附着升降脚手架架体的拆除工艺流程图

2. 拆除工作正式开始前，应由该升降脚手架项目负责人组织施工人员进行岗位职责分工，定员定岗操作，不得随意调换人员。

3. 上架操作的施工人员应按规定佩戴各种必需的劳保用品，并正确使用。

4. 在脚手架的拆除过程中，架体周围应设置警戒区，并派专人监管。

5. 架体上的材料、工具、设备和垃圾等应及时清理至楼内，严禁向下抛掷。

6. 自上而下按顺序拆除栏杆、竹笆脚手板、剪刀撑，以及纵横向水平杆。

7. 架体竖向主框架同时随架体逐层拆除，注意结构件吊运时的牢固性，并及时收集拆下来的螺栓、销轴等连接件。

8. 附着升降脚手架在建筑物的顶层拆除时，应在架体水平梁架的底部搭设悬挑支撑平台，并有保障拆架施工人员安全操作的防护措施。按各种类型架体水平梁架的设计要求逐段拆除水平梁架、承力架及下道附着支撑结构。

第四节 附着升降脚手架的管理

1. 从事附着升降脚手架工程的施工单位必须取得附着升降脚手架专业承包资质，并在规定的范围内承担附着升降脚手架的设计、制作、安装和施工。

2. 附着升降脚手架产品必须经过建设主管部门组织鉴定或项目验收后方可使用。

3. 新研制的附着升降脚手架应符合相关各项技术要求，并到当地建设行政主管部门办理试用手续，经审查合格后，只可批准在一个工程上试用，试用期间必须随时接受当地建设行政主管部门的指导和监督。试用成功后，再按照上述第 2 条的规定进行鉴定合格后方可投入正式使用。

4. 施工总承包单位必须将附着升降脚手架专业工程发包给具有相应资质等级的附着升降脚手架专业承包队伍，签订专业工程承包合同，并明确双方的安全生产责任。

5. 附着升降脚手架专业承包企业应当建立健全安全生产管理制度，制订相应的安全操作规程和检验规程，加强对设计、制作、安装、升降、使用、拆卸和日常维护保养等环节的管理。

6. 附着升降脚手架安装前，附着升降脚手架专业承包单位应根据工程结构、施工环境等特点编制专项施工方案，并应经总承包单位技术负责人审批。专项施工方案应当包括安装、升降和拆卸等内容。

7. 安装、升降、使用、拆卸等作业前，专业承包单位技术人员应当根据专项施工方案以及安全操作规程对有关施工人员进行安全技术交底。

8. 附着升降脚手架使用前，应向当地建设行政主管部门办理备案登记手续，并接受其监督管理。

9. 施工总承包单位必须对施工现场的安全工作实行统一监督管理，对使用的附着升降脚手架进行监督检查，发现问题应及时解决。安全监管主要内容应包括：

（1）按照规定对附着升降脚手架专项施工组织设计进行审查。

（2）对附着升降脚手架专业承包单位人员配备情况和有关人员的资格进行审查。

（3）附着升降脚手架安装、升降后，组织专业承包单位、监理单位进行验收。

（4）定期组织对附着升降脚手架使用情况进行安全检查。

（5）安装、升降和拆除作业时，应设置安全警示区域，并安排专人巡视。

10. 工程监理单位应对附着升降脚手架专业工程进行安全监理。主要内容应包括：

（1）按规定对附着升降脚手架专项施工组织设计及施工方案进行审查。

（2）对专业承包单位的资质及有关人员的资格进行审查。

（3）参加总承包单位组织的验收和定期检查。

（4）在附着升降脚手架的安装、升降、拆除等作业时应进行旁站监理。

（5）发现存在生产安全事故隐患时，应当要求安装单位、使用单位限期整改，对安装单位、使用单位拒不整改的，及时向建设单位报告。

11. 安装单位、使用单位拒不整改生产安全事故隐患的，建设单位接到监理单位报告后，应当责令安装单位、使用单位立即停工整改。

12. 附着升降脚手架安装、升降、拆除等施工过程中，施工总承包和专业承包单位应配备专职安全管理人员，负责对安装、升降、拆除等施工活动的升降脚手架施工现场进行安全监督检查。

13. 附着升降脚手架所使用的电气设施、线路及接地、避雷措施等，应符合现行行业标准《施工现场临时用电安全技术规范》(JGJ 46—2005）中的规定。

14. 附着升降脚手架的防坠落装置应经法定检测机构标定后方可使用；使用的过程中，使用单位应定期对其有效性和可靠性进行检测。安全装置受冲击荷载后应进行解体检验。

15. 附着升降脚手架临街搭设时，外侧应有防止坠落物伤人的防范措施。

16. 在进行附着升降脚手架安装和拆除时，在地面应设置围栏和警戒标志，并应派专人看守，非操作人员不得入内。

17. 附着升降脚手架专业施工单位应设置专业技术人员、安全管理人员及相应的特种作业人员。特种作业人员必须经专门培训，并应经建设行政主管部门考核合格，取得特种作业操作资格证书后，方可上岗作业。

18. 作业层上的施工荷载应符合设计要求，不允许超重。不得将模板支架、缆风绳、泵送混凝土和砂浆的输送管等固定在架体上，不得用其悬挂起重设备。

19. 遇到雷雨、六级和六级以上大风及雾、雪、雨等恶劣的天气时，必须停止施工。

20. 当施工中发现附着升降脚手架故障和存在安全隐患时，应及时排除，可能危及人身安全时，应停止作业，应由专业人员进行整改。整改后的附着升降脚手架应重新进行验收检查，合格后方可使用。

21. 停工前做好架体固定工作和防上翻措施，架上人员撤离前，应对设备、工具、零散材料、可移动的铺板等进行整理，固定并作好防护，全部人员撤离后立即切断供电电源。

22. 附着升降脚手架的剪刀撑应随立杆同步搭设；扣件的螺栓拧紧力矩不应小于 40N·m，且不大于 65N·m。

23. 各地建设安全主管部门及产权单位和使用单位，应对附着升降脚手架建立设备技术档案，其主要内容应包括：机型、编号、出厂日期、验收、检修、试验、检修记录及故障情况。

24. 附着升降脚手架作业人员在施工过程中应戴安全帽、系安全带、穿防滑鞋，酒后不得上岗作业。附着升降脚手架在施工现场安装完成后应进行整体检测。

第五节　附着升降脚手架的验收

（1）附着升降脚手架安装前应持有下列文件：

①从事附着升降脚手架工程施工的单位应取得由国务院建设行政主管部门颁发的相应资质证书及安全生产许可证；

②必须具备国务院建设行政主管部门组织鉴定或验收的证书；

③应有专项施工方案，并经企业技术负责人审批及工程项目总监理工程师审核；

④其他资料：a. 产品进场前的自检记录；b. 特种作业人员和管理人员岗位证书；c. 各种材料、工具和设备应有的质量合格证、材质单、测试报告；d. 主要部件及提升机构必须具备的合格证。

（2）附着升降脚手架应在下列阶段进行检查与验收：①首次安装完毕使用前；②提升或下降前；③提升、下降到位，投入使用前。

（3）附着升降脚手架安装及使用前，应按表 4-1 进行检验，合格后方能使用。

表 4-1　附着升降脚手架安装及使用检查表

序号	检查项目		具体标准	检查结果
1	保证项目	竖向主框架	各杆件的轴线应交汇于节点处，并应采用螺栓或焊接连接，如不交汇于一点，应进行附加弯矩验算	
2			各节点均应采用螺栓或焊接连接	
3			相邻竖向主框架的高度差不大于 30mm	
4		水平支承桁架	桁架上、下弦应采用整根通长杆件，或设置刚性接头；腹杆上、下弦连接应采用螺栓或焊接连接	
5			桁架各杆件的轴线应相交于节点上，并宜用节点板构造连接，节点板的厚度不小于 6mm	
6		架体构造	空间几何不可变体系的稳定结构	
7		立杆支承位置	架体构架的立杆底端应放置在上弦节点各轴线的交汇处	
8		立杆间距	应符合现行行业标准《建筑施工扣件式钢管脚手架安全技术规范》（JGJ 130—2011）中的小于或等于 1.5m 的要求	
9		纵向水平杆的步距	应符合现行行业标准《建筑施工扣件式钢管脚手架安全技术规范》（JGJ 130—2011）中的小于或等于 1.8m 的要求	
10		剪刀撑设置	剪刀撑的水平夹角应满足 45°～60°的要求	
11		脚手板设置	架体底部应铺设严密，与墙体无间隙，操作层的脚手板应铺满、铺牢，孔洞直径小于 25mm	
12		扣件拧紧力矩	扣件拧紧力矩应满足 40～65N·m 的要求	
13		附墙支座	每个竖向主框架所覆盖的每一楼层处应设置一道附墙支座	
14			使用工况：应将竖向主框架固定于附墙支座上	
15			升降工况：附墙支座上应设有防倾覆、导向的结构装置	

续表

序号	检查项目		具体标准	检查结果
16	保证项目	附墙支座	附墙支座应采用锚固螺栓与建筑物连接，受拉螺栓的螺母不得少于两个或采用单螺母加弹簧垫圈	
17			附墙支座支承在建筑物上连接处混凝土的强度应按设计要求确定，但不得小于C10	
18		架体构造尺寸	架高要不大于5倍的层高	
19			架宽应不大于1.2m	
20			架体全高与支承跨度的乘积应不大于$110m^2$	
21			支承跨度直线形架体应不大于7m	
22			支承跨度折线或曲线形架体，相邻两个主框架支撑点处的架体外侧距离不大于5.4m	
23			水平悬挑长度不大于2m，且不大于跨度的1/2	
24			升降工况上端悬臂高度不大于2/5架体高度，且不大于6m	
25			水平悬挑端以竖向主框架为中心对称斜拉杆水平夹角应不小于45°	
26		防坠落装置	防坠落装置应设置在竖向主框架处，并附着在建筑结构上	
27			每一升降点不得少于一个防坠落装置，在使用和升降工况下都能确实起作用	
28			防坠落装置与升降设备应分别独立固定在建筑结构上	
29			防坠落装置应具有防尘、防污染措施，并应灵敏可靠和运转自如	
30			钢吊杆式的防坠落装置，钢吊杆的规格应由计算确定，且其直径不应小于25mm	
31		防倾覆设置情况	防倾覆装置中，应包括导轨和两个以上与导轨连接的可滑动的导向件	
32			在防倾覆导向件的范围内应当设置防倾覆导轨，且应与竖向主框架进行可靠连接	

续表

序号	检查项目		具体标准	检查结果
33	保证项目	防倾覆设置情况	在升降和使用两种工况下，最上和最下两个导向件之间的最小间距不得小于 2.8m 或架体高度的 1/4	
34			应具有防止竖向主框架倾斜的功能	
35			应用螺栓与附墙支座连接，其装置与导轨之间的间隙应小于 5mm	
36		同步装置设置情况	连续式水平支承桁架，应采用限制荷载自控系统	
37			简支静定水平支承桁架，应采用水平高差同步自控系统，若设备受限时可选择限制荷载自控系统	
38	一般项目	防护设施	防护栏杆的高度应为 1.2m	
39			密目式安全网的规格型号为：≥2000 目/$100cm^2$，≥3kg/张	
40			挡脚板的高度应为 180mm	
41			架体底层脚手板铺设应严密，与墙体无间隙	

（4）附着升降脚手架提升、下降作业前应按表 4-2 进行检验，合格后方能实施提升或下降作业。

表 4-2　附着升降脚手架提升、下降作业前应检查项目

序号	检查项目		具体标准	检查结果
1	保证项目	支承与工程结构连接处混凝土强度	混凝土的强度应达到专项方案计算值，且不得小于 C10	
2		附墙支座设置情况	每个竖向主框架所覆盖的每一楼层处应设置一道附墙支座	
3			附墙支座上应当设有完整的防坠落、防倾覆和导向装置	
4		升降装置设置情况	单跨升降式可采用手动葫芦；整体升降式应采用电动葫芦或液压设备；升降装置应启动灵敏、运转可靠、旋转方向正确；控制柜工作正常、功能齐备	

续表

序号	检查项目		具体标准	检查结果
5	保证项目	防坠落装置设置情况	防坠落装置应设置在竖向主框架处并附着在建筑结构上	
6			每一升降点不得少于一个，在使用和升降工况下都能够起到作用	
7			防坠落装置与升降设备应分别独立固定在建筑结构上	
8			防坠落装置应具有防尘、防污染的措施，并应灵敏可靠和运转自如	
9			防坠落装置设置方法及部位正确，灵敏可靠，不应人为失效和减少	
10			钢吊杆式的防坠落装置，钢吊杆的规格应由计算确定，且其直径不应小于 25mm	
11		防倾覆装置设置情况	防倾覆装置应包括导轨和两个以上与导轨连接的可滑动的导向件	
12			在防倾导向件的范围内应设置防倾覆导轨，且应与竖向主框架可靠连接	
13			在升降和使用两种工况下，最上和最下两个导向件之间的最小间距不得小于 2.8m 或架体高度的 1/4	
14		建筑物的障碍物清理情况	无障碍物阻碍外架的正常滑升	
15		架体构架上的连墙杆	架体构架上的连墙杆应全部拆除	
16		塔吊或施工电梯附墙装置	符合专项施工方案的规定	
17		专项施工方案	符合专项施工方案的规定	
18	一般项目	操作人员	经过安全技术交底，按规定持证上岗	
19		运行指挥人员、通讯设备	人员已全部到位，设备工作正常	
20		监督检查人员	总承包单位和监理单位人员已全部到场	
21		电缆线路、开关箱	电缆线路应当符合现行行业标准《施工现场临时用电安全技术规范》（JGJ 46—2005）中对线路负荷计算的要求，设置专用的开关箱	

（5）防坠落、防倾覆装置在附着升降脚手架使用、提升和下降阶段均应进行检查，合格后才能作业。

（6）附着升降脚手架的临时用电，应符合《施工现场临时用电安全技术规范》（JGJ 46—2005）的要求。

第五章　架体的维护保养与安全防范

为了保证附着升降脚手架的正常使用，消除事故隐患，应定期对升降脚手架进行维护和保养。为了确保附着升降脚手架施工顺利进行，保证施工人员的人身安全，应根据工程实际制订切实可靠的安全防范措施。

第一节　附着升降系统的维护与保养

由于附着升降脚手架的使用环境比较差，在施工过程中的水泥、砂浆、灰尘和污水，随时都在污染着升降机构、附着装置和安全保护装置，如果不按照有关规定进行维护与保养，将影响附着升降脚手架的使用寿命，严重时还会直接影响架体的使用安全。因此，在附着升降脚手架的使用过程中，必须做好附着系统的维护与保养工作。

一、架体的维护与保养

（1）架体不得超载使用，不得使用体积较小而质量过重的集中荷载，如设置装有混凝土养护用水的水槽、集中堆放大模板等。

（2）架体仅作为施工人员的外防护架，不得作为外墙模板的支模架，更不得作为升降中的承重架。

（3）架体禁止下列违章作业：任意拆除架体部件和穿墙螺栓；起吊构件时碰撞或扯动脚手架的架体；在脚手架上拉结吊装

缆绳；在脚手架上安装卸料平台；在脚手架上推运物料；利用脚手架吊运重物等。

(4) 穿墙螺栓应牢固拧紧，扭矩应控制在 45～60N·m 范围内。

(5) 在架体的作业过程中，应按以下要求进行检查保养：

①在整个施工期间，每次浇筑完混凝土后，必须将导轨表面的杂物及时清除，以确保导轨能自由上下。

②在施工期间，应按规定定期对架体及连接螺栓进行检查，如有发现连接螺栓脱扣或架体变形现象，应查明原因及时处理。

③脚手架架体每次提升、使用前都必须对穿墙螺栓进行严格检查，如发现有裂纹或螺纹损坏现象，必须及时更换。

④工程竣工后，应将架体的所有零部件表面杂物清除干净，重新刷漆。将已损坏的零件重新修复或者更换，以备新的工程继续使用。

⑤在施工过程中，对架体上的杂物应及时进行清理；穿墙螺栓正常使用一个单位工程后应更换。

⑥当该脚手架预计停用超过一个月时，使用前应对其采取加固措施，附着支座以上悬臂部分应做硬性拉结，同时每个附着支座处的承重定位必须紧固。

⑦当附着升降脚手架停用超过一个月，或遇五级以上大风复工后，必须按照有关要求进行检查，合格后方可使用。

⑧螺栓连接件、升降动力设备、防倾覆装置、防坠落装置、电控设备等应至少每月维护保养一次。

⑨遇到五级以上（包括五级）大风、大雨、大雪、浓雾等恶劣天气时，禁止进行升降和拆除作业，并对架体采取必要的加固措施或其他应急措施。如将架体上部悬挑部位用钢管和扣件与建筑物拉结，以及撤离架体上的所有施工活荷载等。夜间禁止进行架体的升降作业。

二、电动葫芦的维护保养

（1）在首次使用电动葫芦时，应按照使用说明书的要求严格检查减速器是否有油，并按规定加足润滑油（脂）。

（2）电动葫芦若频繁使用，应每周加一次润滑油；若断续使用，应每月加一次润滑油；链条应每半个月涂刷一次润滑油。

（3）在升降过程中，电动葫芦应用塑料薄膜包封，防止水和杂物落在其上面；操作人员应随时观察电动葫芦的使用状况，以便发现问题及时处理，严禁非专业人员拆卸修理。

（4）链轮装在轴上应没有歪斜和摆动。在同一传动组件中两个链轮的端面应位于同一平面内，链轮中心距在 0.5m 以下时，允许偏差为 1mm；链轮中心距在 0.5m 以上时，允许偏差为 2mm。但不允许有摩擦链轮齿侧面的现象，如果两轮偏移过大容易产生脱链和加速磨损现象。在更换链轮时必须注意检查和调整偏移量。

（5）附着升降脚手架电动葫芦起重链条的松紧度应适宜，太紧会增加功率消耗，轴承易磨损；太松链条易跳动和脱链。链条的松紧程度为应经常检查并调整。

（6）链轮磨损严重后，应同时更换新链轮和新链条，以保证良好的啮合。千万不能只单独更换新链条或新链轮，否则会造成啮合不好加速新链条或新链轮的磨损。链轮齿面磨损到一定程度后应及时翻面使用（指可调面使用的链轮），以延长使用时间。

（7）新的起重链条过长或经使用后伸长，如果确实难以调整，可视情况拆去链节，但必须为偶数。链节应从链条背面穿过，锁片插在外面，锁紧片的开口应朝向的转动的相反方向。

（8）工程结束后，应清除机体及链条上的砂浆和泥垢，链条及外露部件涂刷润滑油，存放在干燥、通风处，长期不用应装箱保存。

三、防坠落装置的维护保养

防坠落装置作为架体主要的安全装置，在正常升降工作中不起作用，一旦架体出现坠落，就必须在第一时间内起作用，因此对防坠落装置的日常维护保养尤为重要，这也是现场人员容易忽视的部分，在日常施工中要随时进行监控，及时润滑相关部位。根据工程实践经验，防坠落装置的维护保养主要包括以下几方面：

（1）进行脚手架日常检查时，要注意防坠落装置运转是否正常，在架体提升或下降时不会出现卡链现象，如果有卡链现象应及时处理。

（2）当防坠落装置金属结构出现变形或开焊时，应查明原因、及时处理，最好是更换新的装置，严禁采取补焊的措施。

（3）当架体出现卡阻现象后，应认真检查防坠落装置，一旦出现问题，必须更换新的防坠落装置，不允许带病使用。

（4）日常施工中应在防坠落装置处加设防尘装置，避免因污染而失效。

（5）为确保附着升降脚手架施工安全，禁止在未安装防坠落装置或防坠落装置失效的情况下升降架体。

四、电动卷扬机的维护保养

（1）电动卷扬机传动部分应设有可靠的安全罩，并保持完好无损。

（2）应经常检查卷扬机的机械传动部分工作是否正常，制动器是否灵敏、可靠，润滑情况是否良好，密封处有无漏油等，发现异常时应及时处理。

（3）制动瓦与制动轮的接触面积不应少于80%，间隙为0.6～0.8mm；制动带磨损量不得超过50%，铆钉不得与制动轮面接触，否则应更换。

(4) 班前应认真检查钢丝绳是否完整，若发现钢丝绳有断丝、凹槽、绳结或锈蚀等情况，应根据钢丝绳报废的标准确定是否需要更换，达到更换标准的钢丝绳决不可再用于工程中。

(5) 在整个施工的过程中，应保持电动卷扬机的清洁，特别是卷筒和钢丝绳部分应采取有效的防护措施，防止污水或砂石污染、磨损钢丝绳。

(6) 钢丝绳应按照规定的期限涂抹钢丝绳油，涂前应当用煤油洗去原有的油污，然后在80℃的温度下进行涂抹。

(7) 应定期检查减速器中的油量，一般在工作1000h后应进行一次清洗，并重新加注润滑油。润滑油冬季应采用HL-20齿轮油，夏季应采用HL-30齿轮油。

五、电气控制系统的维护保养

(1) 附着升降脚手架的电气控制系统，应按照有关规定进行维护保养，其维护保养必须由专业电工来完成。

(2) 电控柜或操作台是电气控制系统的主要组成部分，其维护保养主要是做到防水、防潮、防止剧烈振动和冲击碰撞。

(3) 电气控制系统的电缆线布置要避开操作人员的行走路线，在架体上安装应悬挂在脚手板的下方，接头处应用防水绝缘带进行包扎。

(4) 电气控制系统在每次操作前，应清扫操作台上的尘土，检查配电箱内交流接触器、开关、熔断器、各种继电器、指示灯以及接线端子的紧固情况，如有松动应立即紧固，如发现损坏应立即更换。巡回检查各电动机及电缆线，做到及时包扎或更换。

(5) 经常检查上述元件的触头如何，如有烧损的地方，应用细锉磨光修复，保持触头清洁平滑。

（6）电气控制系统中的插头、插座要保持干燥，若受潮或被水淋湿，未损坏的可用电吹风吹干以后继续使用，损坏的应立即更换。

（7）每次操作结束后，应清扫操作台及电控箱上的灰尘，盖好防护罩，严防因渗漏雨水而造成短路。

（8）每使用一个工程周期后，应更换受损的接触器、控制开关和各种电表及电缆线，以保证施工顺利和安全。

六、荷载控制系统的维护保养

（1）荷载控制系统是附着升降脚手架不可缺少的组成部分，对其线路需设置专门的防护，如用 PVC 管等。

（2）荷载控制系统的荷载传感器表面不得有腐蚀性液体，尤其是线路的接头处应设置保护措施，以防被下落物体砸断。

（3）荷载控制系统的电气控制柜包括主控和分控，均应设置必要的防护管理，及时清理上面的杂物，避免雨水、砂浆及混凝土进入。

（4）当脚手架的架体升降完成后，应当及时进行卸荷，并松开电动葫芦，防止架体冲击荷载损伤荷载传感器。

（5）在脚手架的整个作业过程中，应及时监控供电电压，保证荷载传感器的正常供电。

第二节　脚手架架体使用注意事项

一、架体安全监管

（一）现场监管

（1）在架体施工的过程中，应建立有效的实施和监督机构，必须设立架体专业施工管理员，并组织专门的作业小组，小组成员应基本固定，做到定员、定岗、定责任。

（2）施工单位的安全委员会、工程部、技术部等有关部门，应经常对现场的全体职工进行架体的正确使用和安全注意事项的再教育、考核后，结合作业部位分别授权。

（3）脚手架在实施过程中，施工单位和操作班组应结合现场的实际情况，制订必要的其他措施。

（4）脚手架在实施过程中，应注意积累、收集资料，总结经验教训，并将需要修改补充的意见及时反馈到技术部门，以便进一步修改、完善。

（5）当发现架体出现异常情况后，现场管理人员及操作班组应当采取有效措施防止事故发生，并立即向施工单位工程部和有关部门报告。

（二）备案登记

附着升降脚手架租赁单位在某一地区进行租赁使用，应当向当地有关部门申请备案登记，办理好相关备案手续后方可使用。

在房屋建筑物和基础设施施工现场，对已安装的附着升降脚手架委托第三方检测合格，组织完成验收的施工单位可向当地主管部门申请办理使用登记，待使用登记办理完毕后方可进行使用。

现以××市办理使用登记所需资料，举例说明如下：

表 5-1　××市附着升降脚手架备案资料

序号	资料	备注
1	《××市附着升降脚手架使用登记备案表》	表格应加盖施工总承包单位和监理单位公章
2	住房和城乡建设部需出具的科学技术成果鉴定（评估）证书	科学技术成果鉴定（评估）证书应为住房和城乡建设部相关部门出具的对产品的鉴定、评估、验收证明，资料应加盖施工总承包单位公章

续表

序号	资料	备注
3	附着升降脚手架产品合格证	附着升降脚手架产品合格证应以每个单位工程为单位出具，作为每个单位工程上所使用的所有附着升降脚手架产品合格的证明、资料应加盖施工总承包单位公章
4	附着升降脚手架专业承包单位法人营业执照	资料应加盖施工总承包单位公章
5	附着升降脚手架专业承包单位法人营业执照	资料应加盖施工总承包单位公章
6	附着升降脚手架专业承包资质证书	资料应加盖施工总承包单位公章
7	建筑施工特种作业操作资格证书	建筑施工特种作业操作资格证书必须为建筑架子工（附着升降脚手架类）。资料应加盖施工总承包单位公章
8	单位工程附着升降脚手架检验检测报告	安装验收合格日期以检测报告检测合格日期为准；使用登记应在安装验收合格之日起 30 日内办理；检验检测报告应附有附着升降脚手架机位布置图；资料应加盖施工总承包单位公章
9	单位工程附着升降脚手架安装验收资料	资料应加盖施工总承包单位公章
10	某市建筑企业档案管理手册	资料应加盖施工总承包单位公章

二、安全施工保障

在实施附着升降脚手架安装、升降、拆除时，应严格执行安全技术操作规程和执行国家有关安全施工法规，本着“安全第一、预防为主”的方针，努力做好安全工作，重点应注意以下事项：

（1）脚手架安装或拆除时，操作人员必须系好安全带，指挥与吊车人员应与架子工密切配合，以防意外发生。

（2）脚手架在升降时，架体上不得有除架子工以外的其他人员，且应清除脚手架上的杂物、模板和钢筋等。

（3）附着升降脚手架的操作人员必须经过专门培训合格，并获得从业资格方可上岗。

（4）脚手架的操作人员应严格遵守工作纪律，严禁违规操作，严禁酒后上架操作。

（5）脚手架在升降时倒链的吊挂点应牢靠、稳固，每次升降前应取得升降许可证后方可升降。

（6）为防止脚手架在升降过程中发生意外，在升降前应检查摆针式防坠器的摆针是否灵活，摆针弹簧是否正常。

（7）应对现场施工人员进行升降架的正确使用和维护的安全教育，严禁任意拆除和损坏架体结构或防护设施，严禁超载使用，严禁直接在架体上将重物吊放或吊离。

（8）脚手架与建筑物之间的护栏和支撑物，不得任意拆除，以防意外发生。

（9）脚手架在升降的过程中，脚手架上的物品均应清除，架体上严禁站人。不允许在夜间进行脚手架的升降操作。

（10）在施工过程中，应经常对架体、配件等承重构件进行检查，如出现锈蚀严重、焊缝异常等情况，应及时进行处理。

（11）升降任务完成后，应立即对该组架体进行检查验收，经检查验收取得准用证后方可使用。

（12）在脚手架上的作业人员必须按要求佩戴安全带和工具包，以防坠人坠物。

（13）在脚手架升降的施工过程中，应建立严格的检查制度，班前班后及风雨之后均应有专人按制度认真检查。

三、防雷技术措施

附着升降脚手架多数是高耸的金属构架，又紧靠在钢筋混凝土结构一侧，二者都是极易遭受雷击的对象，因此脚手架的防雷工作十分重要，必须采取可靠的避雷措施。

（1）升降架如果在相邻建筑物、构筑物防雷保护范围之外，则应单独安装防雷装置，防雷装置的冲击接地电阻值不得大于10Ω。

（2）避雷针是最简单易做的避雷装置之一，它可用直径25～48mm、壁厚不小于3mm的钢管或直径不小于12mm的圆钢制作，并将其顶部削尖，设在房屋升降架的立杆顶部上，高度不小于1m，并将所有最上层的大横杆全部接通，形成避雷网络。

（3）在建筑电气设计中，随着建筑物主体的施工，各种防雷接地线和引下线都在同步施工，建筑物的竖向钢筋就是防雷接地的引下线，所以当升降架一次上升工作完成时，在每组架上只要找一至两处，用直径大于16mm的圆钢把架体与建筑物主体结构的竖向钢筋焊接起来（焊缝长度应大于接地线直径的6倍），使架体良好接地，就能达到防雷的目的。

（4）当脚手架的架体处于下降状态时，架体已处在楼顶避雷针的伞形防雷区内，这样就不需要在架体上再另外设置防雷装置了。

（5）在每次提升架体前，必须将架体和建筑物主体结构的连接钢筋断开，将其放置在一边，然后再进行提升。提升到位后，再用连接圆钢筋把架体和建筑物主体结构竖向焊接起来。所有连接均应采取焊接，焊缝长度应大于接地线直径的6倍。

第六章　建筑施工高处作业安全

近年来所发生在建筑业“三大伤害”（高处坠落、坍塌、物体打击）事故中，高处坠落事故的发生率最高、危险性极大。高处坠落事故是由于高处作业引起的，因此，减少和避免高处坠落事故的发生，是降低建筑业伤亡事故的关键；同时正确及时的应急救援工作，也是减少事故伤亡的有效途径。

为确保建筑施工高处作业安全，在现行行业标准《建筑施工高处作业安全技术规范》（JGJ 80—2016）中有比较详细的规定，在进行附着升降脚手架作业中必须严格执行。

第一节　建筑施工高处作业基本规定

（1）建筑施工中凡涉及临边与洞口作业、攀登与悬空作业、操作平台、交叉作业及安全网搭设的，应在施工组织设计或施工方案中制定建筑施工高处作业安全技术措施。

（2）高处作业施工前，应按类别对安全防护设施进行检查、验收，验收合格后方可进行作业，并应做好验收记录。验收可分层或分段进行。

（3）高处作业施工前，应对作业人员进行安全技术交底，并应进行记录。对初次作业人员应进行专业培训。

（4）应根据要求将各类安全警示标志悬挂于施工现场各相应部位，夜间应设红灯警示。高处作业施工前，应检查高处作业的安全标志、工具、仪表、电气设施和设备，确认完好后方可进行施工。

（5）高处作业人员应根据作业的实际情况配备相应的高处作业安全防护用品，并应按规定正确佩戴和使用相应的安全防护用品、用具。

（6）对施工作业现场可能坠落的物件，应及时拆除或采取固定措施。高处作业所用的物料应堆放平稳，不得妨碍通行和装卸。工具应随手放入工具袋；作业中的走道、通道板和登高用具，应随时清理干净；拆卸下来的物料及余料应及时清理运走，不得随意放置或向下丢弃。传递物料时不得抛掷。

（7）高处作业应按现行国家标准《建设工程施工现场消防安全技术规范》（GB 50720— 2011）的规定，采取防火措施。

（8）在雨、霜、雾、雪等天气进行高处作业时，应采取防滑、防冻和防雷措施，并应及时清除作业面上的水、冰、雪、霜。

当遇有 6 级及以上强风、浓雾、沙尘暴等恶劣气候，不得进行露天攀登与悬空高处作业。雨雪天气后，应对高处作业安全设施进行检查，当发现有松动、变形、损坏或脱落等现象时，应立即修理完善，维修合格后方可使用。

（9）对需临时拆除或变动的安全防护设施，应采取可靠措施，作业后应立即恢复。

（10）安全防护设施验收应包括下列主要内容：①防护栏杆的设置与搭设；②攀登与悬空作业的用具与设施搭设；③操作平台及平台防护设施的搭设；④防护棚的搭设；⑤安全网的搭设；⑥安全防护设施、设备的性能与质量、所用的材料、配件的规格；⑦设施的节点构造，材料配件的规格、材质及其与建筑物的固定、连接状况。

（11）安全防护设施验收资料应包括下列主要内容：①施工组织设计中的安全技术措施或施工方案；②安全防护用品用具、

材料和设备产品合格证明；③安全防护设施验收记录；④预埋件隐蔽验收记录；⑤安全防护设施变更记录。

（12）在施工过程中，应有专人对各类安全防护设施进行检查和维修保养，发现隐患应及时采取整改措施。

（13）安全防护宜采用定型化、工具化设施，防护栏应为黑黄或红白相间的条纹标识，盖板应为黄或红色标识。

第二节　临边与洞口作业的要求

一、临边作业的要求

（1）坠落高度基准面 2m 及以上进行临边作业时，应在临空的一侧设置防护栏杆，并应采用密目式安全立网或工具式栏板封闭。

（2）施工的楼梯口、楼梯平台和梯段边，应安装防护栏杆；外设楼梯口、楼梯平台和梯段边，还应采用密目式安全立网封闭。

（3）建筑物外围边沿处，对没有设置外脚手架的工程，应设置防护栏杆；对有外脚手架的工程，应采用密目式安全立网全封闭。密目式安全立网应设置在脚手架外侧立杆上，并应与脚手架紧密连接。

（4）施工升降机、龙门架和井架物料提升机等在建筑物间设置的停层平台两侧边，应设置防护栏杆、挡脚板，并应采用密目式安全立网或工具式栏板封闭。

（5）停层平台口应设置高度不低于 1.80m 的楼层防护门，并应设置防外开装置。井架物料提升机通道中间，应分别设置隔离设施。

二、洞口作业的要求

（1）洞口作业时，应采取防坠落措施，并应符合下列规定：

①当竖向洞口短边边长小于500mm时，应采取封堵措施；当垂直洞口短边边长大于或等于500mm时，应在临空的一侧设置高度不小于1.2m的防护栏杆，并应采用密目式安全立网或工具式栏板封闭，设置挡脚板。

②当非竖向洞口短边边长为25～500mm时，应采用承载力满足使用要求的盖板覆盖，盖板四周搁置应均衡，且应防止盖板移位。

③当非竖向洞口短边边长为500～1500mm时，应采用盖板覆盖或防护栏杆等措施，并应固定牢固。

④当非竖向洞口短边边长大于或等于1500mm时，应在洞口作业侧设置高度不小于1.2m的防护栏杆，洞口应采用安全平网封闭。

（2）电梯井口应设置防护门，其高度不应小于1.5m，防护门底端距地面高度不应大于50mm，并应设置挡脚板。

（3）在电梯施工前，电梯井道内应每隔2层且不大于10m加设一道安全平网。电梯井内的施工层上部，应设置隔离防护设施。

（4）洞口盖板应能承受不小于$1kN/m^2$的集中荷载和不小于$2kN/m^2$的均布荷载，有特殊要求的盖板应另外设计。

（5）墙面等处落地的竖向洞口、窗台高度低于800mm的竖向洞口及框架结构在浇筑完混凝土未砌筑墙体时的洞口，应按临边防护要求设置防护栏杆。

三、防护栏杆的要求

（1）临边作业的防护栏杆应由横杆、立杆及挡脚板组成，防护栏杆应符合下列规定：

①防护栏杆应为两道横杆，上杆距地面高度应为1.2m，下杆应在上杆和挡脚板中间设置。

②当防护栏杆的高度大于1.2m时，应增设横杆，横杆间距不应大于600mm。

③防护栏杆立杆间距不应大于2m。

④挡脚板的高度不应小于180mm。

（2）防护栏杆立杆底端应固定牢固，并应符合下列规定：

①当在土体上固定时，应采用预埋或打入的方式进行固定。

②当在混凝土楼面、地面、屋面或墙面固定时，应将预埋件与立杆连接牢固。

③当在砌体上固定时，应预先砌入相应规格且含有预埋件的混凝土块，预埋件应与立杆连接牢固。

（3）防护栏杆杆件的规格及连接，应符合下列规定：

①当采用钢管作为防护栏杆的杆件时，横杆及栏杆立杆应采用脚手钢管，并应采用扣件、焊接、定型套管等方式进行连接固定。

②当采用其他材料作为防护栏杆的杆件时，应选用与钢管材质强度相当的材料，并应采用螺栓、销轴或焊接等方式进行连接固定。

（4）防护栏杆的立杆和横杆的设置、固定及连接，应确保防护栏杆在上下横杆和立杆的任何部位处，均能承受任何方向1kN的外力作用。当栏杆所处位置有发生人群拥挤、物件碰撞等可能时，应加大横杆截面或加密立杆间距。

（5）防护栏杆应张挂密目式安全立网或其他材料封闭。

（6）防护栏杆的设计计算应符合《建筑施工高处作业安全技术规范》（JGJ 80—2016）附录A的规定。

第三节　登高与悬空作业的要求

一、登高作业的要求

（1）登高作业应借助施工通道、梯子及其他登高设施和用具。

（2）登高作业设施和用具应牢固可靠；当采用梯子攀爬作业时，踏面荷载不应大于 1.1kN/m²；当梯面上有特殊作业时，应按实际情况进行专项设计。

（3）同一梯子上不得两人同时作业。在通道处使用梯子作业时，应有专人监护或设置围栏。脚手架操作层上严禁设梯子作业。

（4）便携式梯子宜采用金属材料或木材制作，并应符合现行国家标准《便携式金属梯安全要求》（GB 12142—2007）和《便携式木折梯安全要求》（GB 7059—2007）的规定。

（5）使用单梯时梯面应与水平面呈 75°夹角，踏步不得缺失，梯格间距宜为 300mm，不得垫高使用。

（6）折梯张开到工作位置的倾角应符合现行国家标准《便携式金属梯安全要求》（GB 12142—2007）和《便携式木折梯安全要求》（GB 7059—2007）的规定，并应有整体的金属杆或可靠的锁定装置。

（7）固定式直梯应采用金属材料制成，并应符合现行国家标准《固定式钢梯及平台安全要求 第 1 部分：钢直梯》（GB 4053.1—2009）的规定；梯子净宽为 400～600mm，固定直梯的支撑应采用不小于∟ 70×6 的角钢，埋设与焊接应牢固。直梯顶端的踏步应与登高顶面齐平，并应加设 1.1～1.5m 高的扶手。

（8）使用固定式直梯登高作业时，当登高高度超过 3m 时，宜加设护笼；当攀登高度超过8m时，应设置梯间平台。

(9) 钢结构安装时，应使用梯子或其他登高设施登高作业。坠落高度超过2m时，应设置操作平台。

(10) 当安装屋架时，应在屋脊处设置扶梯。扶梯踏步间距不应大于400mm。屋架杆件安装时搭设的操作平台，应设置防护栏杆或作业人员拴挂安全带的安全绳。

(11) 深基坑施工应设置扶梯、入坑踏步及专用载人设备或斜道等设施。采用斜道时，应加设间距不大于400mm的防滑条等防滑措施。作业人员严禁沿坑壁、支撑或乘运工具上下基坑。

二、悬空作业的要求

(1) 悬空作业的立足处的设置应牢固，并应配置登高和防坠落装置和设施。

(2) 构件吊装和管道安装时的悬空作业应符合下列规定：

①钢结构吊装，构件宜在地面组装，安全设施应一并设置。

②吊装钢筋混凝土屋架、梁、柱等大型构件前，应在构件上预先设置登高通道、操作立足点等安全设施。

③在高空安装大模板、吊装第一块预制构件或单独的大中型预制构件时，应站在作业平台上操作。

④钢结构安装施工宜在施工层搭设水平通道，水平通道两侧应设置防护栏杆；当利用钢梁作为水平通道时，应在钢梁一侧设置连续的安全绳，安全绳宜采用钢丝绳。

⑤钢结构、管道等安装施工的安全防护宜采用工具化、定型化设施。

(3) 严禁在未固定、无防护设施的构件及管道上进行作业或通行。

(4) 当利用吊车梁等构件作为水平通道时，临空面的一侧应设置连续的栏杆等防护装置。当安全绳为钢索时，钢索的一端应采用花篮螺栓收紧；当安全绳为钢丝绳时，钢丝绳的自然下垂度不应大于绳长的1/20，并不应大于100mm。

（5）模板支撑体系搭设和拆卸的悬空作业，应符合下列规定：

①模板支撑的搭设和拆卸应按规定程序进行，不得在上下同一垂直面上同时装拆模板。

②在坠落基准面2m及以上高处搭设与拆除柱模板及悬挑结构的模板时，应当设置操作平台。

③在进行高处拆模作业时应配置登高用具或搭设支架。

（6）绑扎钢筋和预应力张拉的悬空作业应符合下列规定：

①绑扎立柱和墙体钢筋，不得沿钢筋骨架攀登或站在骨架上作业。

②在坠落基准面2m及以上高处绑扎柱钢筋和进行预应力张拉时，应搭设操作平台。

（7）混凝土浇筑与结构施工的悬空作业应符合下列规定：

①浇筑高度2m及以上的混凝土结构构件时，应设置脚手架或操作平台。

②进行悬挑的混凝土梁和檐、外墙和边柱等结构施工时，应搭设脚手架或操作平台。

（8）屋面作业时应符合下列规定：

①在坡度大于25°的屋面上作业，当无外脚手架时，应在屋檐边设置不低于1.5m高的防护栏杆，并应采用密目式安全立网全封闭。

②在轻质型材等屋面上作业，应搭设临时走道板，不得在轻质型材上行走；安装轻质型材板前，应采取在梁下支设安全平网或搭设脚手架等安全防护措施。

（9）外墙作业时应符合下列规定：

①门窗作业时，应有防坠落措施，操作人员在无安全防护措

施时，不得站立在樘子、阳台栏板上作业。

②高处作业不得使用座板式单人吊具，不得使用自制吊篮。

第四节　建筑施工操作平台的要求

一、操作平台的一般规定

(1) 建筑施工操作平台应通过设计计算，并应编制专项方案，架体构造与材质应满足国家现行相关标准的规定。

(2) 建筑施工操作平台的架体结构应采用钢管、型钢及其他等效材料组装，并应符合现行国家标准《钢结构设计标准》(GB 50017—2017) 及国家现行有关脚手架标准的规定。平台面铺设的钢、木或竹胶合板等材质的脚手板，应符合材质和承载力要求，并应平整、满铺及可靠固定。

(3) 建筑施工操作平台的临边应设置防护栏杆，单独设置的操作平台应设置供人上下、踏步间距不大于 400mm 的扶梯。

(4) 应在操作平台明显位置设置标明允许负载值的限载牌及限定允许的作业人数，物料应及时转运，不得超重、超高堆放。

(5) 操作平台使用中应每月不少于 1 次检查，应由专人进行日常维护工作，及时消除安全隐患。

二、移动式操作平台

(1) 移动式操作平台的面积不宜大于 $10m^2$，高度不宜大于 5m，高宽比不应大于 2∶1，施工荷载不应大于 $1.5kN/m^2$。

(2) 移动式操作平台的轮子与平台架体连接应牢固，立柱底端地面不得大于 80mm，行走轮和导向轮应配有制动器或刹车闸等制动措施。

(3) 移动式行走轮承载力不应小于 $5kN/m^2$，制动力矩不应小于2.5N·m，移动式操作平台架体应保持垂直，不得弯曲变形，制动器除在移动情况外，均应保持制动状态。

（4）移动式操作平台移动时，操作平台上不得站人。

（5）移动式升降工作平台应符合现行国家标准《移动式升降工作平台　设计计算、安全要求和测试方法》（GB 25849—2010）和《移动式升降工作平台　安全规则、检查、维护和操作》（GB/T 27548—2011）的要求。

（6）移动式操作平台的结构设计计算应符合现行行业标准《建筑施工高处作业安全技术规范》（JGJ 80—2016）附录B的规定。

三、落地式操作平台

（1）落地式操作平台架体的构造应符合下列规定：

①落地式操作平台的高度不应大于15m，高宽比不应大于3∶1。

②施工平台的施工荷载不应大于2.0kN/m^2；当接料平台的施工荷载大于2.0kN/m^{2}时，应进行专项设计。

③操作平台应与建筑物进行刚性连接或加设防倾措施，不得与脚手架连接。

④用脚手架搭设操作平台时，其立杆间距和步距等结构应符合国家现行相关脚手架规范的规定；应在立杆下部设置底座或垫板、纵向与横向扫地杆，并应在外立面设置剪刀撑或斜撑。

⑤操作平台应从底层第一步水平杆起逐层设置连墙件，且连墙件间隔不应大于4m，并应设置水平剪刀撑。连墙件应为可承受拉力和压力的构件，并应与建筑结构可靠连接。

（2）落地式操作平台搭设材料及搭设技术要求、允许偏差应符合国家现行相关脚手架标准的规定。

（3）落地式操作平台应按国家现行脚手架标准的规定计算受

弯构件强度、连接扣件抗滑承载力、立杆稳定性、连墙杆件强度与稳定性及连接强度、立杆地基承载力等。

（4）落地式操作平台一次搭设高度不应超过相邻连墙件以上两步。

（5）落地式操作平台拆除应由上而下逐层进行，严禁上下同时作业，连墙件应随施工进度逐层拆除。

（6）落地式操作平台检查验收应符合下列规定：

①落地式操作平台所用的钢管和扣件应有产品合格证。

②搭设前应对基础进行检查验收，搭设中应随施工进度按结构层对操作平台进行检查验收。

③遇 6 级以上大风、雷雨、大雪、浓雾等恶劣天气及停用超过 1 个月，在恢复使用前应进行检查。

四、悬挑式操作平台

（1）悬挑式操作平台的设置应符合下列规定：

①悬挑式操作平台的搁置点、拉结点、支撑点，应当设置在稳定的主体结构上，且应具有可靠连接。

②严禁将操作平台设置在临时设施上。

③操作平台的结构应稳定可靠，承载力应符合设计要求。

（2）悬挑式操作平台的悬挑长度不宜大于 5m，均布荷载不应大于 $5.5kN/m^2$，集中荷载不应大于 $15kN/m^2$，悬挑梁应锚固固定。

（3）采用斜拉方式的悬挑式操作平台，平台两侧的连接吊环应与前后两道斜拉钢丝绳连接，每一道钢丝绳应能承受该侧所有荷载。

（4）采用支撑方式的悬挑式操作平台，应在钢平台下方设置不少于两道斜撑，斜撑的一端应支撑在钢平台主结构钢梁下，另一端应支撑在建筑物主体结构上。

（5）采用悬臂梁式的操作平台，应采用型钢制作悬挑梁或悬挑桁架，不得使用钢管，其节点应采用螺栓或焊接的刚性节点。当平台板上的主梁采用与主体结构预埋件焊接时，预埋件、焊缝均应经设计计算，建筑主体结构应同时满足强度要求。

（6）悬挑式操作平台应设置 4 个吊环，吊运时应使用卡环，不得使吊钩直接钩挂吊环。吊环应按通用吊环或起重吊环设计，并应满足强度要求。

（7）悬挑式操作平台安装时，钢丝绳应采用专用的钢丝绳夹进行连接，钢丝绳夹数量应与钢丝绳直径相匹配，且不得少于 4 个。为避免钢丝绳受损，在建筑物锐角、利口周围系钢丝绳处应加衬软垫物。

（8）悬挑式操作平台的外侧应略高于内侧；外侧应安装防护栏杆并应设置防护挡板全封闭。

（9）所有的现场施工人员不得在悬挑式操作平台吊运、安装时上下。

（10）悬挑式操作平台的结构设计计算应符合现行行业标准《建筑施工高处作业安全技术规范》（JGJ 80—2016）附录 C 的规定。

第五节　建筑施工交叉作业的要求

一、交叉作业的一般规定

（1）建筑施工在交叉作业时，下层作业位置应处于上层作业的坠落半径之外，高空作业坠落半径应按表 6-1 确定。安全防护棚和警戒隔离区范围的设置应视上层作业高度确定，并应大于坠落半径。

表 6-1　高空作业坠落半径

序号	上层作业高度（m）h	坠落半径（m）	序号	上层作业高度（m）h	坠落半径（m）
1	$2 \leqslant h \leqslant 5$	3	3	$15 < h \leqslant 30$	5
2	$5 < h \leqslant 15$	4	4	$h > 30$	6

（2）建筑施工在交叉作业时，坠落半径内应设置安全防护棚或安全防护网等安全隔离措施。当尚未设置安全隔离措施时，应设置警戒隔离区，人员严禁进入隔离区。

（3）处于起重机臂架回转范围内的通道，应搭设安全防护棚。

（4）通道口人员进出比较频繁，容易出现坠落物伤人现象。因此，在施工现场人员进出的通道口处，应搭设安全防护棚。

（5）安全防护棚的棚顶在设计时并未考虑堆放物料，不能承受堆物的荷载。因此，不得在安全防护棚的棚顶堆放物料。

（6）当采用脚手架搭设安全防护棚时，应符合国家现行相关脚手架标准的规定。

（7）对不搭设脚手架和设置安全防护棚的交叉作业，应设置安全防护网，当在多层、高层建筑外立面施工时，应在二层及每隔四层设一道固定的安全防护网，同时设一道随施工高度提升的安全防护网。

二、交叉作业的安全措施

（1）安全防护棚搭设应符合下列规定：

①当安全防护棚为非机动车辆通行时，棚底至地面高度不应小于 3m；当安全防护棚为机动车辆通行时，棚底至地面高度不应小于 4m。

②当建筑物的高度大于 24m，并采用木质板搭设时，应搭设双层安全防护棚。两层防护的间距不应小于 700mm，安全防护棚

的高度不应小于4m。

③当安全防护棚的棚顶采用竹笆板或木质板搭设时，应采用双层搭设，间距不应小于700mm；当采用木质板或与其等强度的其他材料搭设时，可采用单层搭设，木板的厚度不应小于50mm。防护棚的长度应根据建筑物高度与可能坠落的半径确定。

（2）安全防护网搭设应符合下列规定：

①安全防护网搭设时，应每隔3m设置一根支撑杆，支撑杆水平夹角不宜小于45°。

②当在楼层设置支撑杆时，应预埋钢筋环或在结构内外两侧各设一道横杆。

③安全防护网应外高里低，网与网之间应拼接严密。

第六节　建筑施工安全网的要求

一、安全网的一般规定

（1）建筑施工安全网的选用应符合下列规定：

①安全网材质、规格、物理性能、耐火性、阻燃性应满足现行国家标准《安全网》（GB 5725—2009）的规定。

②密目式安全立网的网目密度应为10cm×10cm面积上大于或等于2000目。

（2）采用平网进行防护时，严禁使用密目式安全立网代替平网使用。

（3）密目式安全立网使用前，应检查产品分类标记、产品合格证、网目数及网体质量，确认合格后方可使用。

二、安全网搭设的要求

（1）安全网的搭设应绑扎牢固、网间严密。安全网的支撑架应具有足够的强度和稳定性。

（2）密目式安全立网搭设时，每个开眼环扣应穿入系绳，系绳应绑扎在支撑架上，间距不得大于450mm。相邻密目网间应紧密结合或重叠。

（3）当立网用于龙门架、物料提升架及井架的封闭防护时，四周边绳应与支撑架贴紧，边绳的断裂张力不得小于3kN，系绳应绑扎在支撑架上，间距不得大于750mm。

（4）用于电梯井、钢结构和框架结构及构筑物封闭防护的平网，应符合下列规定：

①平网每个系结点上的边绳应与支撑架靠紧，边绳的断裂张力不得小于7kN，系绳沿网边应均匀分布，间距不得大于750mm。

②电梯井内平网网体与井壁的空隙不得大于25mm，安全网拉结应牢固。

参考文献

[1] 任彦斌，张鸿文．建筑架子工（附着升降脚手架）[M]．北京：中国劳动社会保障出版社，2011.

[2] 吴兴国，吴志平．架子工 [M]．北京：中国环境科学出版社，2006.

[3] 建设部人事司．架子工 [M]．北京：中国建筑工业出版社，2007.

[4] JGJ 80—2016 建筑施工高处作业安全技术规范.

[5] 李继业，黄延麟．脚手架基础知识与施工技术 [M]．北京：中国建材工业出版社，2012.

[6] 叶刚．架子工实用技术手册 [M]．北京：金盾出版社，2016.

[7] 高原．架子工 [M]．北京：中国计划出版社，2017.

[8] 任莉莉．架子工基本技能 [M]．北京：中国林业出版社，2009.

[9] 住房和城乡建设部建筑施工安全标准化技术委员会，中国建设教育协会建设机械职业教育专业委员会组织编写．附着升降脚手架安全操作与使用维护 [M]．北京：中国建筑工业出版社，2016.

[10] 刘玉清，张成．建筑力学（高职高专规划教材）[M]．北京：化学工业出版社，2010.